SUPERサイエンス

人類が手に入れた地球のエネルギー

名古屋工業大学名誉教授
齋藤勝裕 Saito Katsuhiro

C&R研究所

■本書について

●本書は、2018年2月時点の情報をもとに執筆しています。

●本書の内容に関するお問い合わせについて

この度はC&R研究所の書籍をお買いあげいただきましてありがとうございます。本書の内容に関するお問い合わせは、「書名」「該当するページ番号」「返信先」を必ず明記の上、C&R研究所のホームページ（http://www.c-r.com/）の右上の「お問い合わせ」をクリックし、専用フォームからお送りいただくか、FAXまたは郵送で次の宛先までお送りください。お電話でのお問い合わせや本書の内容とは直接的に関係のない事柄に関するご質問にはお答えできませんので、あらかじめご了承ください。

〒950-3122　新潟市北区西名目所4083-6
株式会社C&R研究所　編集部
FAX 025-258-2801
「SUPERサイエンス 人類が手に入れた地球のエネルギー」サポート係

はじめに

現代社会はエネルギーの上に成り立っています。エネルギーが無ければ私たちは一日として生活することはできません。しかし、そのエネルギーの素となるエネルギー発生源は枯渇の危機を迎えています。また、エネルギーとともに発生する副作用は、地球温暖化、酸性雨、環境破壊、さらには放射能問題と、人類がこれまで直面したことのなかった大きな問題を提示しました。

私たちはこの問題とどのように向き合っていけばよいのでしょうか？

それを考えるためには、現代のエネルギー事情を知る必要があります。私たちが利用しているエネルギーには、どのようなものがあり、それはどのようにして発生させられるのか。また、その発生法に付随する問題はどのようなものがあり、それを軽減させるにはどのような方策が考えられるのかなど、このようなことを丁寧に検証していくことが大切です。

現在注目されているのは再生可能エネルギーです。再生可能エネルギーは枯渇の心配の無いエネルギーです。しかし、このエネルギーには、大規模利用が困難で定常的に用いることが難しいなど特有の問題もあります。

本書は、エネルギーに関するこのような諸問題を「化石燃料」「電気エネルギー」「再生可能エネルギー」「原子核エネルギー」などにわたって広く取り上げたものです。本書を読んでエネルギー問題を考える一助にしていただければ嬉しいことと思います。

2018年2月

齋藤　勝裕

CONTENTS

CONTENTS

Chapter 3 新しい化石燃料

Chapter 4 電気エネルギー

Chapter 5 古典的な再生可能エネルギー

Chapter 6 新しい再生可能エネルギー

Chapter 7 原子力発電

Chapter 8 人類とエネルギー

Chapter. 1
エネルギーとは?

SECTION 01

現代社会とエネルギー

現代社会は、エネルギーの上に成り立っていると言われます。自動車、電車などの交通機関はもとより、全ての機械はエネルギーが無ければ動きません。家庭の電気器具もエネルギーが必要です。電気エネルギーが無ければ照明もつかず、ご飯も焚けませんし、ガスの燃焼エネルギーが無ければ魚を焼くこともできません。

現代は情報社会と言いますが、情報機器はもとより、情報の記憶素子もエネルギーが無ければ作動しません。まさしく現代はエネルギーのおかげで機能していると言えます。

●現代社会にかかせないエネルギー

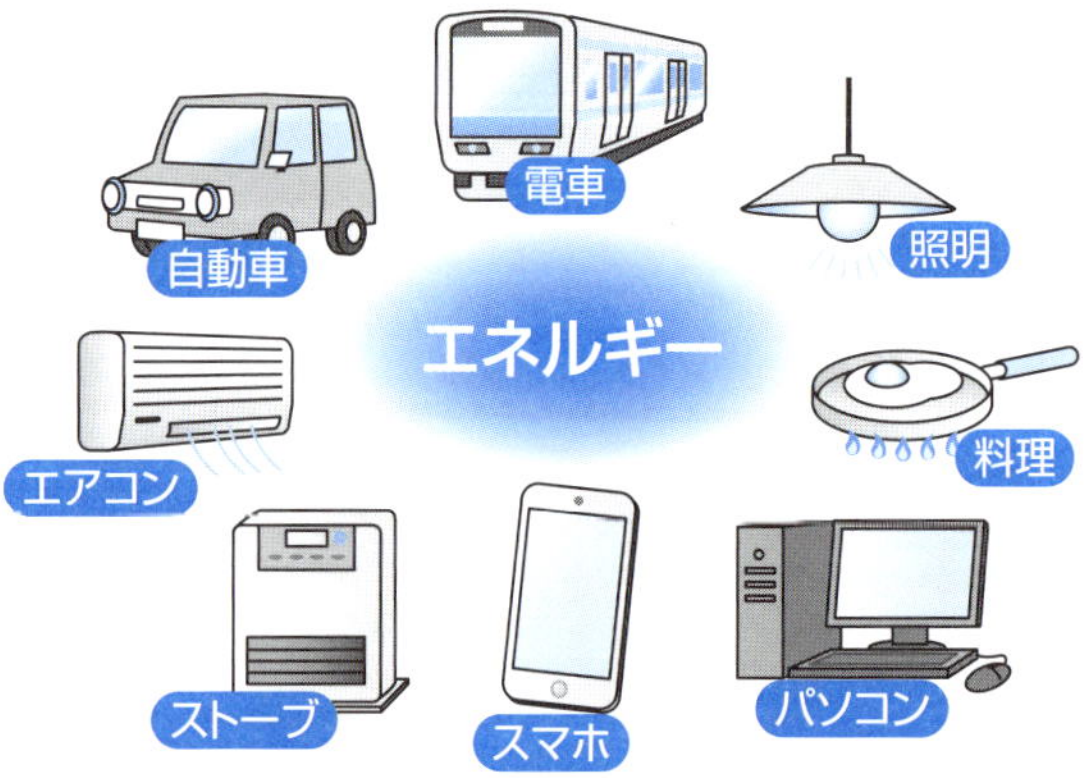

宇宙エネルギー

将来、エネルギー枯渇ということが問題になります。石炭は100年くらいは持つそうですが、石油や天然ガスは、あと35年で無くなると言われています。ウランは長いようですが、それでも約100年で枯渇するでしょう。そこで、それらのエネルギーが無くなったら困るということで、再生可能エネルギーが注目されています。

再生可能エネルギーというのは、そのものずばり、使っても再生できるエネルギーであり、枯渇する心配の無いエネルギーのことです。そんな優れたエネルギーがあるのならば、エネルギー枯渇など杞憂に過ぎないと言うことになるのですが、そうとばかりも言えないところに問題があります。

一般的に言えば、宇宙はエネルギーに満ちています。私たちは、そのエネルギーに囲まれて生きているのです。太陽は核融合反応を起こし、その光エネルギーと熱エネルギーを地球に降り注ぎます。地球に降り注いだ太陽の熱エネルギーは、ほとんど大部分が宇宙空間に反射されます。そのために地球は、温度の恒常性を保っていることができるのです。太陽熱エネルギーが少しでも余計に地球に留まったら、直ちに地球温暖化になります。地球の温度は上がって海水が膨張し、海面は上昇して陸地が浸食されます。

宇宙には太陽のような恒星が無数と言ってよいほど存在します。それらの恒星が行う核融合反応によって生じた放射線は、高エネルギー粒子の宇宙線となって地球に降り注ぎます。そのエネルギーは大変なものであり、それを直接浴びたら生命体は全滅すると言われます。それにもかかわらず生命体が存在するのは、地球の周囲に宇宙線を遮る天然のバリアであるオゾン層が存在するからです。

●宇宙エネルギー

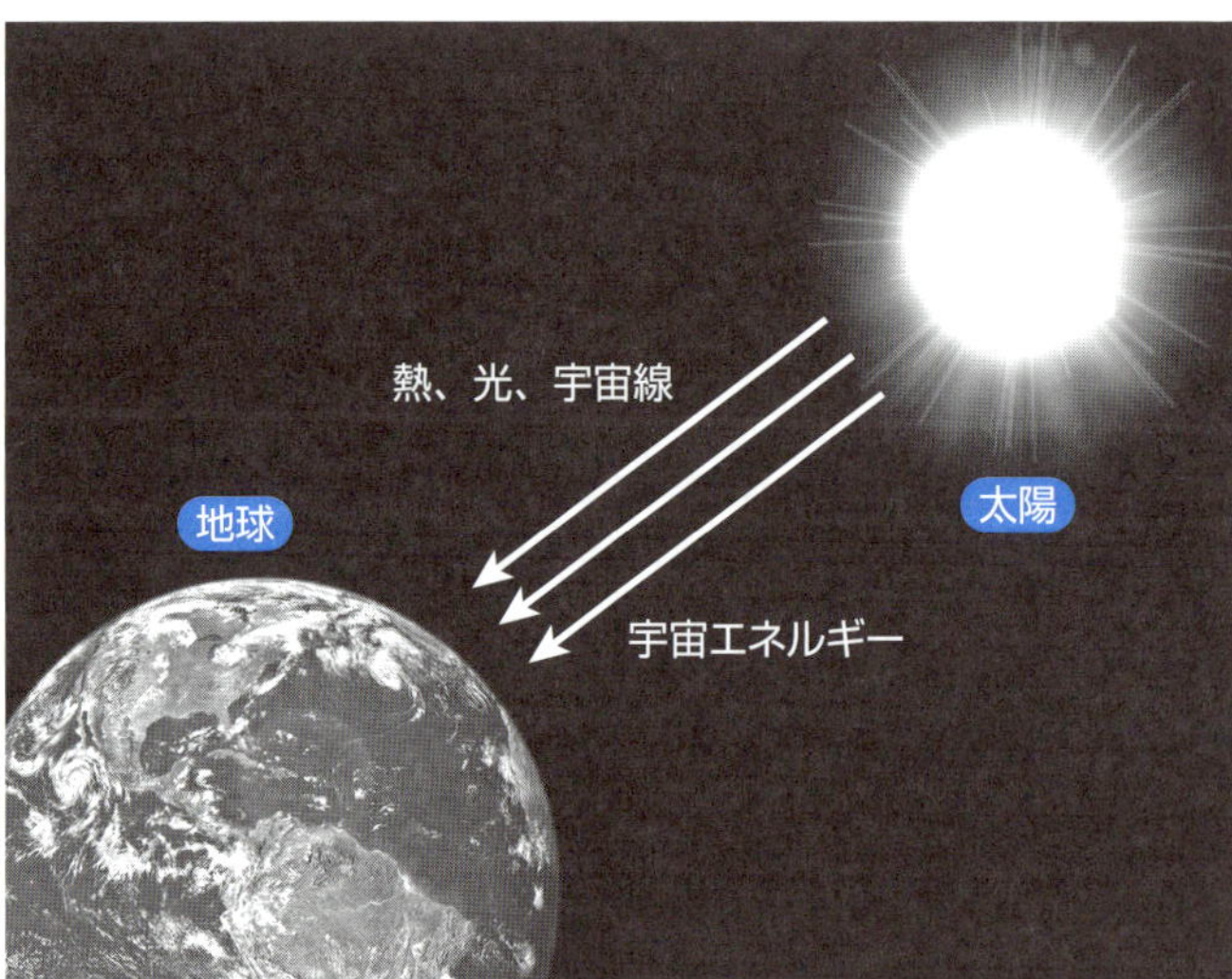

地球エネルギー

豊富なエネルギーを持っているのは地球も同じです。地球の表面温度は20℃程度ですが、内部は高温であり、厚さ30㎞ほどに過ぎない地殻の内側はマントルです。

マントルは流動性のある溶岩であり、さらに内側は核と言われ、高圧のために流動性を失った溶岩の塊です。

そのため、地球の中心部は6000℃に達する高熱となっています。これは、太陽の表面温度に匹敵する大変な高温です。

つまり、私たちが乗っている地球は莫大な熱エネルギーの塊なのです。

この熱エネルギーは、

●地球の構造

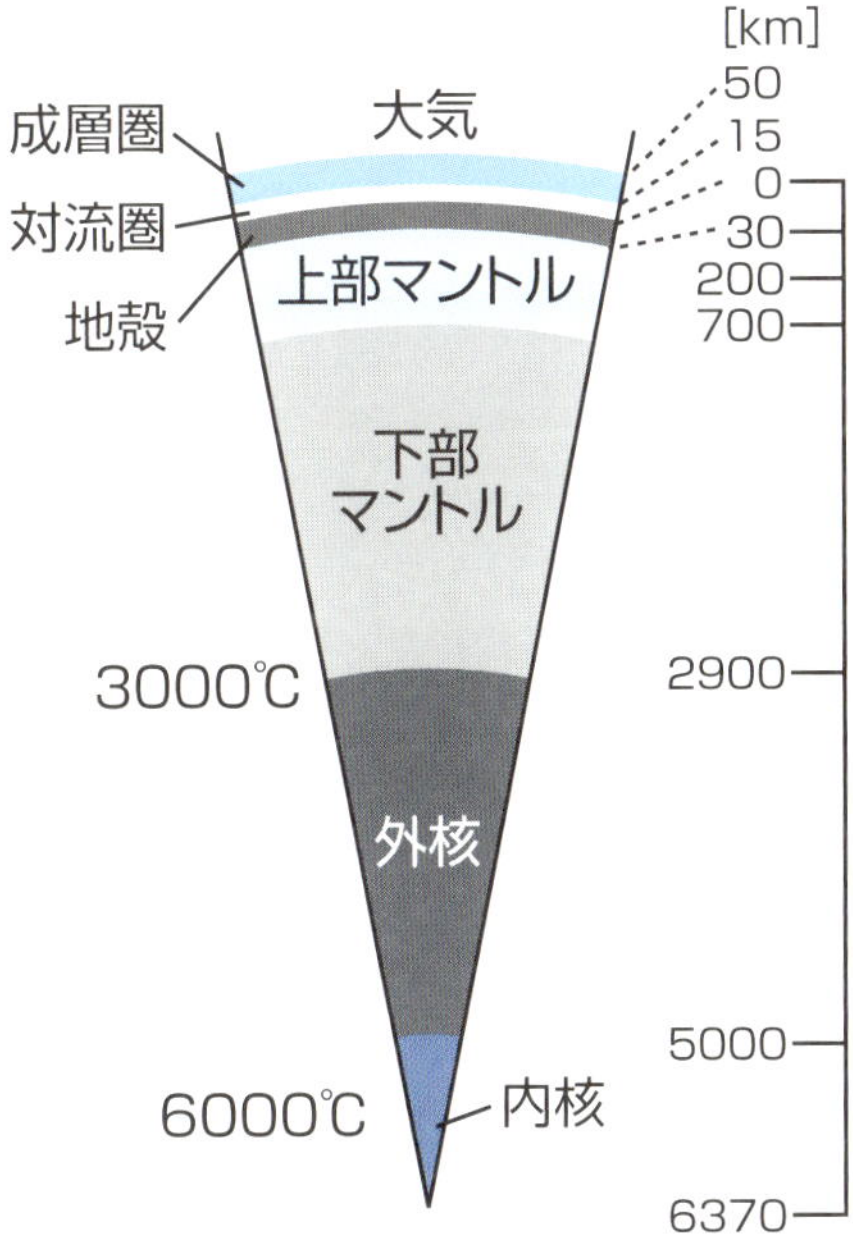

人類がいくら頑張っても使い切れるものではありません。しかも、この熱エネルギーは、常に補充されています。それは地球内部で進行する「原子核崩壊反応」のおかげなのです。

要するに人類は地球の内からも外からも「原子核反応エネルギー」を浴び続けているのです。エネルギー枯渇など起こるはずはありません。むしろ心配するべきは、将来、起こるとされている太陽膨張などによるエネルギーの供給過剰状態でしょう。

それにもかかわらず、現代社会でエネルギー枯渇が心配されるのは、現代科学技術が、このあり余ったエネルギーを使いこなすことができていないからです。「宇宙エネルギー」「地球エネルギー」を有効に使うことができていないのです。

身の周りのエネルギー

現代社会で最も使い勝手の良いエネルギーは電気エネルギーです。しかし、電気エネルギーを直接生産することはできません。水の位置エネルギー、化石燃料の燃焼エネルギー、原子力エネルギーなどを発電機という機械を介して電気エネルギーに換えているのです。

ボイラーや内燃機関は化石燃料の燃焼エネルギーをそのまま動力に換えています。化石燃料は太古の生物の遺骸が地熱と地下の高圧によって変化したものと言われています。その意味では地球エネルギーの一種と考えても良いかもしれません。

雨が降るのは、水が太陽熱で温められて水蒸気になったせいであり、したがってそれが集まって川になるのは太陽熱のおかげです。風が吹くのも太陽熱による上昇気流など気流変化のおかげです。潮の満ち干は月の引力のおかげです。このように水力、風力、潮力などは宇宙エネルギー(太陽エネルギー)などの変形と見ることができるでしょう。

しかし、これらのエネルギーは、地球エネルギーや宇宙エネルギーの全体から見たら、取るに足らない些細なものと言わざるをえません。また、現代社会がこれら微小エネルギーの集積の上に成り立っているのも事実なのです。

本書の最初の項目ということで、ここまでは、電力、風力、水力、化石燃料などの身の周りのエネルギーについて簡単に説明しましたが、次項から順を追って、これらのエネルギーを詳しく見ていくことにしましょう。

SECTION 02

熱・仕事・エネルギー

「エネルギー問題」「エネルギー危機」「省エネルギー」など私たちの身の周りにはエネルギーという言葉が渦巻いています。それでは、エネルギーとは一体何なのでしょうか? エネルギーは日常的に使う言葉でありながら、それについて具体的に説明するのは意外と難しいようです。

エネルギーという言葉は、ギリシア語の「エルゴン」から来ていると言います。エルゴンは「仕事」あるいは「仕事の元」というような意味です。

ヤカンの水

エネルギーの関係を表す現象として、ヤカンの水を加熱することを考えてみましょう。ヤカンに水を入れてガスコンロで熱します。ガスコンロの熱は、ヤカンの水に伝わり、水は加熱されて熱くなります。やがて水が沸騰すると液体の水は気体となって体積を膨張し、注ぎ口のホイッスルからピーッという音と共に発散して、お湯が沸いたことを知らせてくれます。

どこの家庭でも起こるありきたりの現象ですが、この一連の現象の背後に働いているものがエネルギーなのです。

この現象では、ガスコンロで燃えるガス(メタンガス)から発生した「熱(Q)」が、ヤカンの水に働いてホイッスルを鳴らさせました。熱は熱エネルギーとも言われるように代表的な「エネルギー(E)」です。そして、ホイッスルを鳴らすという行為は一種の「仕事(W)」です。

したがって、この一連の現象は熱エネルギーが仕事に変わったことを意味します。

●熱エネルギーの仕事

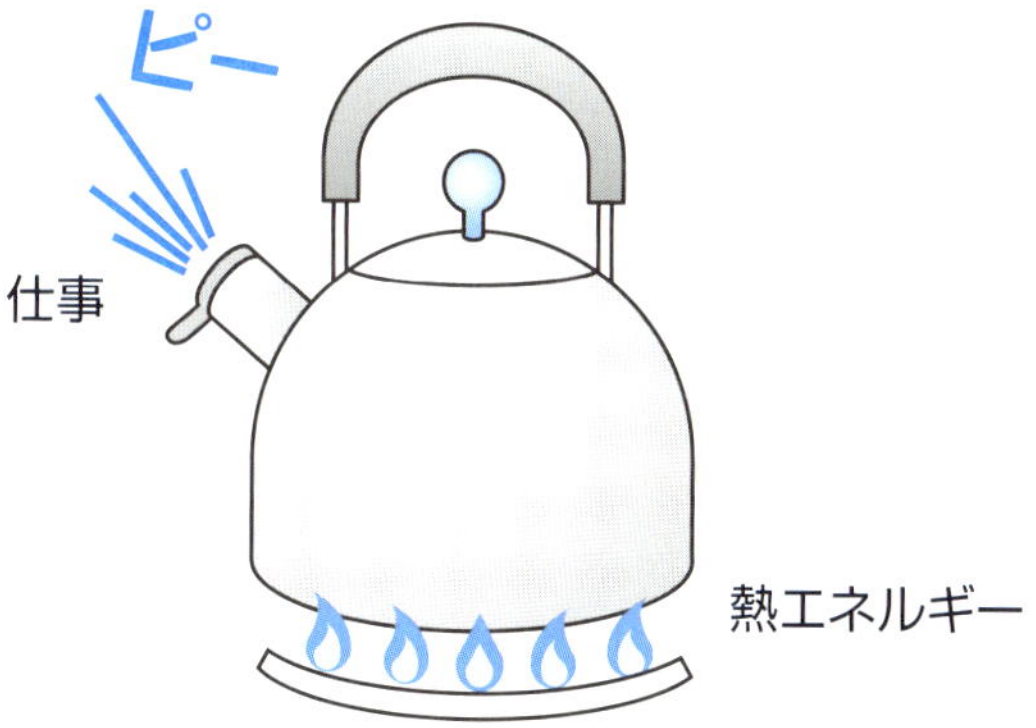

つまり、熱エネルギーと仕事は同じものであり、まさしく仕事の元なのです。

私たちが仕事をするためには、食事をして力をつけなければなりません。まさしく「腹が減っては戦ができぬ」です。つまり、この食事は仕事の元であり、エネルギーの素でもあるのです。

エネルギーの種類

エネルギーが仕事の元であるとしたら、仕事の元になるものは、たくさんあります。熱は典型的なエネルギーです。熱を仕事に換えた典型的な装置は蒸気機関です。これは石炭を燃やして発生した熱で水蒸気を作り、その膨張力で機関を動かすのです。

現在の列車の多くは蒸気機関ではなく、モーターで動く電車です。モーターを回転させるのは電力です。つまり、電力も電気エネルギーというエネルギーの一種なのです。それだけではありません。風車を回して小麦を脱穀したオランダの風車のように、風の力を利用した風力もエネルギーの一種です。江戸時代の日本で活躍したのは風車でなく、水車でした。つまり、水力もエネルギーなのです。

そればかりではありません。光もエネルギーなのです。その証拠は太陽電池に光を当てると電気エネルギーが発生することから明らかです。

熱というエネルギーが発生する現象で最もわかりやすいのは燃焼です。ガスコンロでガスが燃焼すると熱というエネルギーが発生します。燃焼というのは物質を構成する分子が酸素と結合する化学反応です。つまり、化学反応も熱エネルギーを発生するのです。このエネルギーを特に燃焼エネルギー、あるいは一般に反応エネルギーと呼びます。

このように、エネルギーには、多くの種類がありすぎるため、かえってわかりにくくなっているのです。「エネルギー ＝ 熱」と考えてしまえば話は簡単ですが、エネルギーは熱だけではありません。電力、風力、水力、光、化学反応ときりがありません。

つまり、エネルギーとは、このようなものだというのはなかなか難しいのです。しかし、電力、風力、水力など私たちが一般に「力」と考えるものの最大公約数、共通項がエネルギーだと考えると、スッキリ理解できるのではないでしょうか?

SECTION 03

位置エネルギー

前項で、さまざまなエネルギーを紹介しましたが、実は身近でわかりやすく、本書でこれから解説していくエネルギー現象を理解する上で最も役に立つエネルギーをまだご紹介していませんでした。それは位置エネルギーです。

高さのエネルギー

位置エネルギーには、実はさまざまな種類がありますが、ここでは地球の重力に基づく位置エネルギーを考えてみましょう。この位置エネルギーは物体の置かれた高さが高いほど大きくなります。つまり、位置の高さに比例します。

そして、大きいエネルギーを持った状態を「高エネルギー状態」、反対にエネルギーが小さい状態を「低エネルギー状態」と言います。一般に、高エネルギー状態は低エネルギー状態に移行しようという傾向があるため、高エネルギー状態は「不安定状態」とも考えられ、低エネルギー状態は「安定状態」と考えられます。

最もエネルギーの低い最安定状態を「基底状態」と言います。基底状態よりエネルギーの高い状態を「励起状態」と呼ぶこともあります。

重力に基づく位置エネルギーは、高さに比例して大きくなります。地面を基準(高さ＝0)とし、この高さにある物体の位置エネルギーを0としましょう。そして、1階の屋根に置かれた物体の位置エネルギーを1Eとします。すると2階の屋根に置かれた物体の位置エネルギーは2E、3階の屋根ならば3Eとなります。

例えば、1階から荷物を落としたとします。すると、この荷物の位置エネルギーは、1Eから0になったことになります。つまり、この荷物を落としたという行為によって荷物の位置エネルギーは1Eだけ減ったことになります(1E－0＝1E)。つまり1Eが消えたのです。これはどういうことでしょう?

このように任意の2つエネルギー状態の間のエネルギー差を一般にΔE(デルタイー)で表します。この場合はΔE＝1E－0＝1Eということになります。

熱力学第一法則

宇宙で最も原則的な法則に「エネルギー不滅の法則」というものがあります。これは、「エネルギーは無くならない」という至極単純な法則です。この法則は「熱力学第一法則」とも「質量不滅の法則」とも呼ばれます。

質量不滅の法則は「質量は無くならない」ということを宣言します。2つの法則を比較すれば、「エネルギー＝質量」であることがわかりますが、これは後に見るように、原子核反応で重要なことになります。

つまり、この荷物を落とす行為によってΔEだけのエネルギーが無くなったように見えますが、エネルギー不滅の法則によれば、実は無くなってはいないのです。その証拠が荷物への衝撃です。これは消えたように見えたΔEのエネルギーが「荷物を破損させる」という仕事をしていたのです。つまり、位置エネルギーが仕事に変化したのです。

もし、2階から荷物を落としたら、さらに大きく破損するでしょう。それは放出されたエネルギーが、$\Delta E = 2E - 0 = 2E$と大きいために、それだけ大きい仕事が行われたのです。もし、3階から落としたら、⊿E＝3Eのおかげで、場合によっては、あとかたもなく大破するかもしれません。

　しかし、3階から荷物を落としてしまっても、運よく2階の屋根に引っ掛かったら放出されるエネルギー差は⊿E＝3E－2E＝1Eですから、多分、1階から荷物を落とした程度の仕事、すなわち荷物が少し破損する程度で済むことでしょう。

●高さのエネルギー

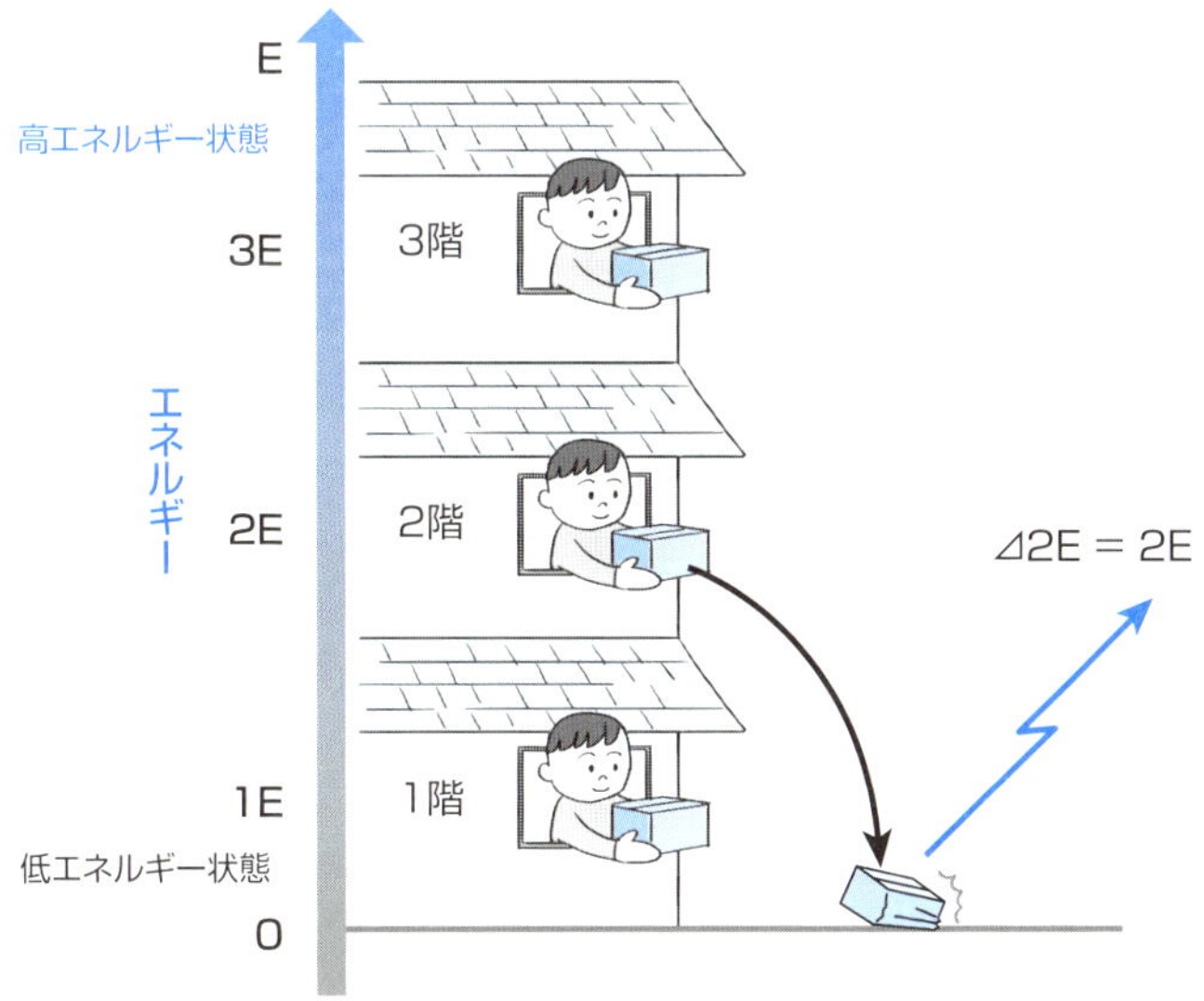

SECTION 04

電気と光のエネルギー

位置エネルギーは、本書で解説する各種のエネルギー現象を理解するのに便利であると紹介しましたが、ここでは、その例を見ていきましょう。

電気エネルギーを光エネルギーに換える

私たちは部屋が暗くなると電気を点けて明るくします。それでは、電気は明るいのでしょうか?

実は、電気は電気エネルギーですが、明るくはありません。明るいのは光です。私たちは電気を点ける、すなわち蛍光灯に電流を流すことによって光を発生させているのです。蛍光灯に電流を流して発光させるというのは、化学的に見ると大変に複雑な現象ですが、エネルギーに限ってみれば非常に単純に理解することができます。

蛍光灯は、公園などに灯っている青白い光を放つ水銀灯の一種であり、中には液体金属の水銀Hgが入っています。これに電流を流すと水銀が加熱されて水銀蒸気(気体)になります。この水銀蒸気はエネルギー的に安定な状態であり、先に見た基底状態にあります。

次に水銀原子が電気エネルギーΔEを吸収します。すると、水銀原子は基底状態よりΔEだけエネルギーの高い状態、励起状態になります。励起状態は不安定であり、基底状態に戻ろうとします。

つまり、余分なエネルギーΔEを放出して基底状態に戻ります。この時に放出されたΔEが光エネルギーとなって発光するのです。

●電気エネルギーが光エネルギーに換わる仕組み

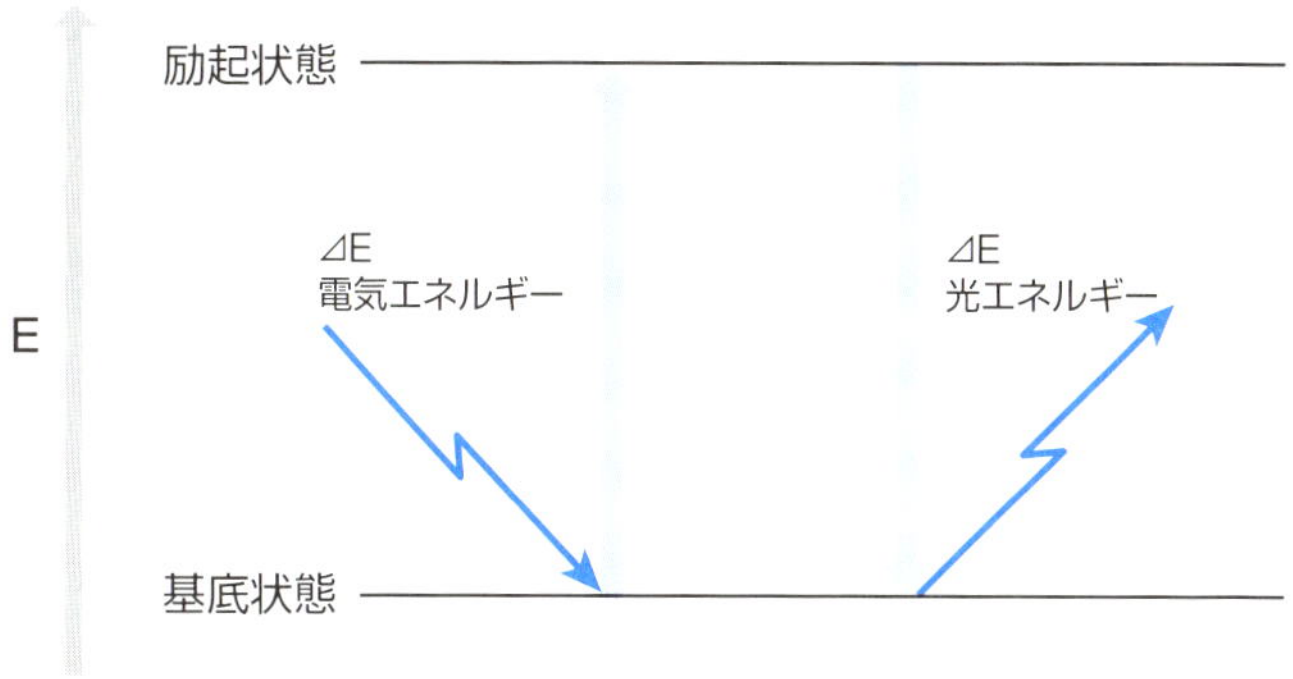

蛍光灯とネオンサイン

蛍光灯に電気を流せば青白い光が発生します。しかし、ネオンサインに電気を流すと赤い光がでます。なぜ、このような色の違いが出るのでしょうか?

先に見たように、蛍光灯には水銀が入っており、水銀原子が発光します。同様にネオンサインには、ネオンNeという気体原子が入っており、これが電気エネルギーによって励起状態になり、元の規定状態に戻るときに発光します。つまり、発光のメカニズムは水銀灯と全く同じです。しかし、発光する光の色が異なります。これは両者の発光する光のエネルギーが異なっているからなのです。

●ネオンサイン

光のエネルギー

光は電磁波の一種であり、波長λ(ラムダ)と振動数ν(ニュー)を持っています。光の速度、高速cは波長と振動数の積で表されます(式①)。

電磁波はエネルギーを持ち、その量はプランクの定数と呼ばれる定数hと振動数の積で表されます(式②)。

式②に式①を代入すると式③となります。

つまり光のエネルギーは振動数νに比例し、波長λに反比例するのです。すなわち、波長の長い光は低エネルギーであり、波長の短い光は高エネルギーなのです。

●式①

$$c = \lambda \nu$$

●式②

$$E = h\nu$$

●式③

$$E = hc / \lambda$$

電磁波の種類

図は、さまざまな電磁波の名前とその波長、振動数、エネルギーを表したものです。私たち人間の眼というセンサーで感知できる（見ることのできる）電磁波は、波長が400〜800nm（ナノメートル、1nm＝10^{-9}m）のものに限られ、これを特に可視光と呼びます。

可視光のうち、波長の長いものは人間の眼に赤く見え、短いものは青く見えます。つまり、400〜800nmの波長帯に虹の7色の全てが入っているのです。そして、この7色を全て混ぜると色の無い白色光になると言うわけです。

エネルギーは、波長の短い紫が大きく、波長の長い赤は小さいです。可視光より波長の長いも

●電磁波の種類

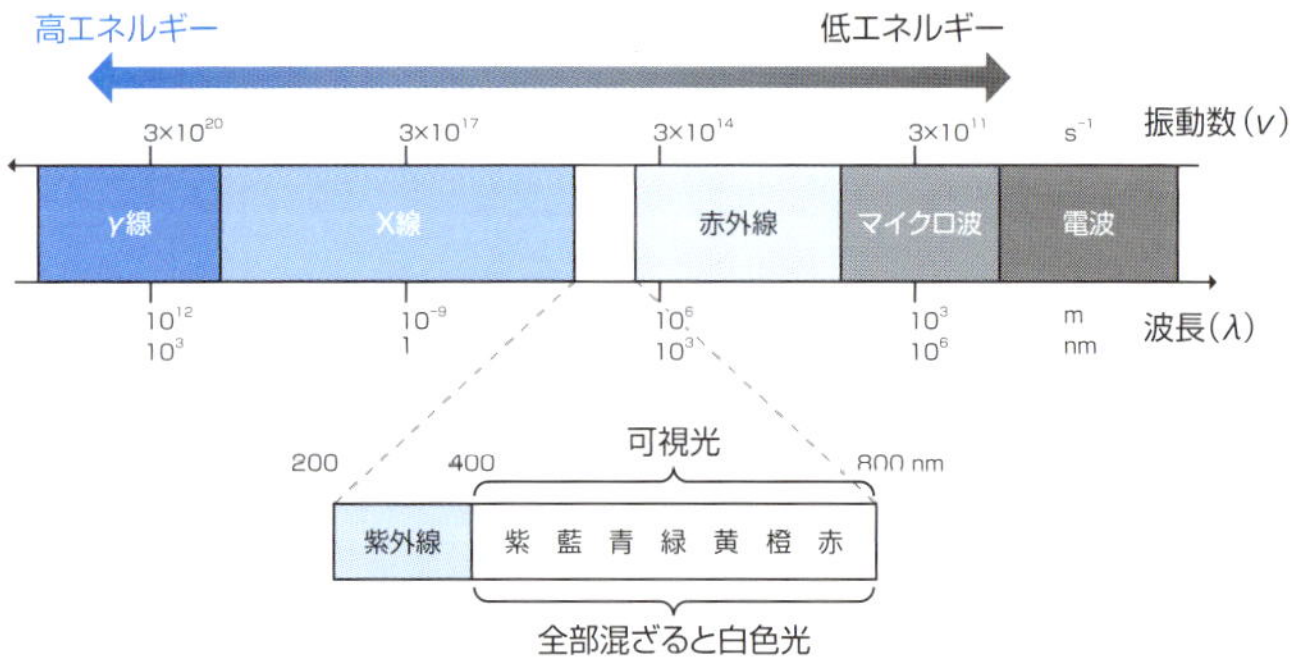

のは赤外線と呼ばれます。これは熱線と呼ばれることもあり、私たちは皮膚というセンサーによって熱として感じます。それより長いものは、電子レンジやテレビ、ラジオで使う電波です。

可視光より波長の短いものは紫外線です。紫外線は可視光よりエネルギーが大きく、日焼けを起こしたり被害をもたらします。それより波長の短いものはX線と呼ばれ、レントゲン撮影などに用いられますが、大変に危険なので、できるだけ浴びることの無いようにすべきです。

X線のうち、原子核反応で発生するものを特にγ(ガンマ)線と言いますが、これは大変にエネルギーが高く、浴びると命に関わります。

蛍光灯とネオンサインの色

では、最初の疑問に戻ってみましょう。つまり、蛍光灯の発する光は青白くてネオンサインの光が赤いのは、なぜだったのでしょうか? それは前頁の図から明らかなとおりです。

蛍光灯が発する光（青）は高エネルギーであり、ネオンサインの発する光（赤）は低エネルギーなのです。つまり、水銀の発するエネルギーは、ネオンの発するエネルギーより大きいのです。これは水銀が励起状態に達するために要するエネルギー（励起エネルギー）がネオンの励起エネルギーより大きいことを意味します。

このように説明することの困難なエネルギー問題も、位置エネルギーの図と考え方を用いると、一目瞭然に理解できるのではないでしょうか？

みなさんもさまざまな現象を、この図を心に描いて考えるように習慣づけると、スッキリと解釈、理解することができるようになるでしょう。

SECTION 05

化学反応エネルギー

宇宙にある全ての物質は原子から出来ています。原子は結合して分子を作り、この分子が集まったものが私たちの目にする物体、物質であるわけです。

内部エネルギー

ニトログリセリンという分子があります。ダイナマイトの原料になる危険な液体の分子です。この分子に、叩くなどのショックを与えると大爆発を起こします。爆発で発生する風力などのエネルギーは周囲の物体を破壊し、人命を奪います。

　このエネルギーは、どこから来たのでしょうか？　叩くというエネルギーなどとは比較にならないほど大量のエネルギーが発生します。これは分子の持っていたエネルギーが、叩くというショックによって放出されたことで起こった現象です。

このように、全ての分子は固有のエネルギーを持っています。分子の持つエネルギーには、さまざまな種類があります。分子が動き回ることによる運動エネルギー、原子間の距離が変化することによる振動エネルギー、原子が結合したことによる結合エネルギー、原子の原子核が持っている原子核エネルギーなど挙げたらきりがないほど多種類のエネルギーがあります。

このエネルギーの種類は、科学が発達すればするほど新しいものが発見されると言ってもよいでしょう。ということは、分子の持つ総エネルギーの量を知ることは、できないと言うことを意味します。

分子が持つこのようなエネルギーのうち、分子がその「重心を移動することによって生じる運動エネルギー」を除いた全てのエネルギーを分子の「内部エ

●分子の持つエネルギー

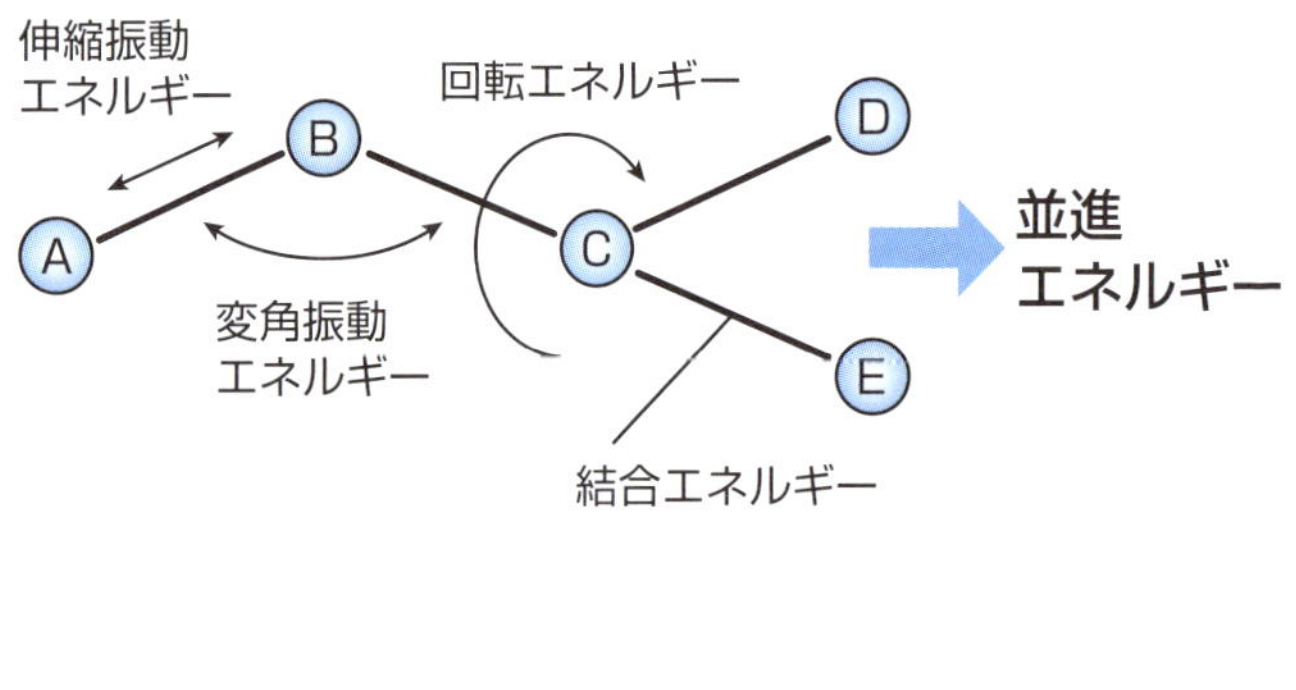

ネルギー」と呼びます。科学では一般に内部エネルギーを記号Uで表しますが、ここでは、わずらわしさを避けるため、エネルギー一般の記号Eで表すことにしましょう。

もちろん、私たちにとって分子の内部エネルギーの総量を知ることは不可能です。それでは、分子をエネルギー的に扱うことはできないのでしょうか？　そんなことはありません。総量を知ることはできませんが、エネルギーの変化量ΔEを知ることはできます。そして、科学にとってはこれで充分です。私たちは分子の持つエネルギーの変化量を知ることによって、分子の変化、化学反応のエネルギー的な実態を知ることができるのです。

化学反応とエネルギー変化

分子をA、Bなどの記号で表すと一般に反応式は、次のように表されます(反応式①)。

これはAという分子とBという分子が反応してCという分子に変化したということを表します。しかし、この反応式が表すのは分子の構

●反応式①

$$A + B \longrightarrow C$$

造変化だけです。Aを炭素C、Bを酸素O_2とすると、Cは二酸化炭素CO_2となって、反応式①は次のようになります(反応式②)。

反応式②は、一般に炭素が燃焼して二酸化炭素になる化学反応を表します。しかし、これらの式が表すのはC、O_2、CO_2という物質の間の変化を表すだけです。

炭(炭素)を燃やすときに発生するのは二酸化炭素だけではありません。熱が発生して周囲は熱くなり、炭は赤くなって光を発します。つまり、この反応では二酸化炭素とともに、熱や光、エネルギーΔEも発生しているのです(反応式③)。

このΔEを含めた式は反応式③となり、この式を特に「熱化学方程式」と呼びます。

このように、化学反応には物質変化という側面とエネルギー変化という側面の2面があるのです。

●反応式②

$$C + O_2 \longrightarrow CO_2$$

●反応式③

$$C + O_2 = CO_2 + \Delta E$$

化学反応エネルギー

化学反応に伴うエネルギーの変化は先に見た位置エネルギー変化と同様に考えることができます。

図のグラフの縦軸はエネルギー、横軸は反応の進行を表します。反応の出発点ではCとO_2が独立して存在します。そして、反応の終点で両者は合体してCO_2になります。このような物質変化を横軸が表し、その変化に伴うエネルギー変化を縦軸が表します。

つまり、出発状態は高エネルギー状態であり、終着状態は低エネルギー

●化学反応エネルギーのグラフ

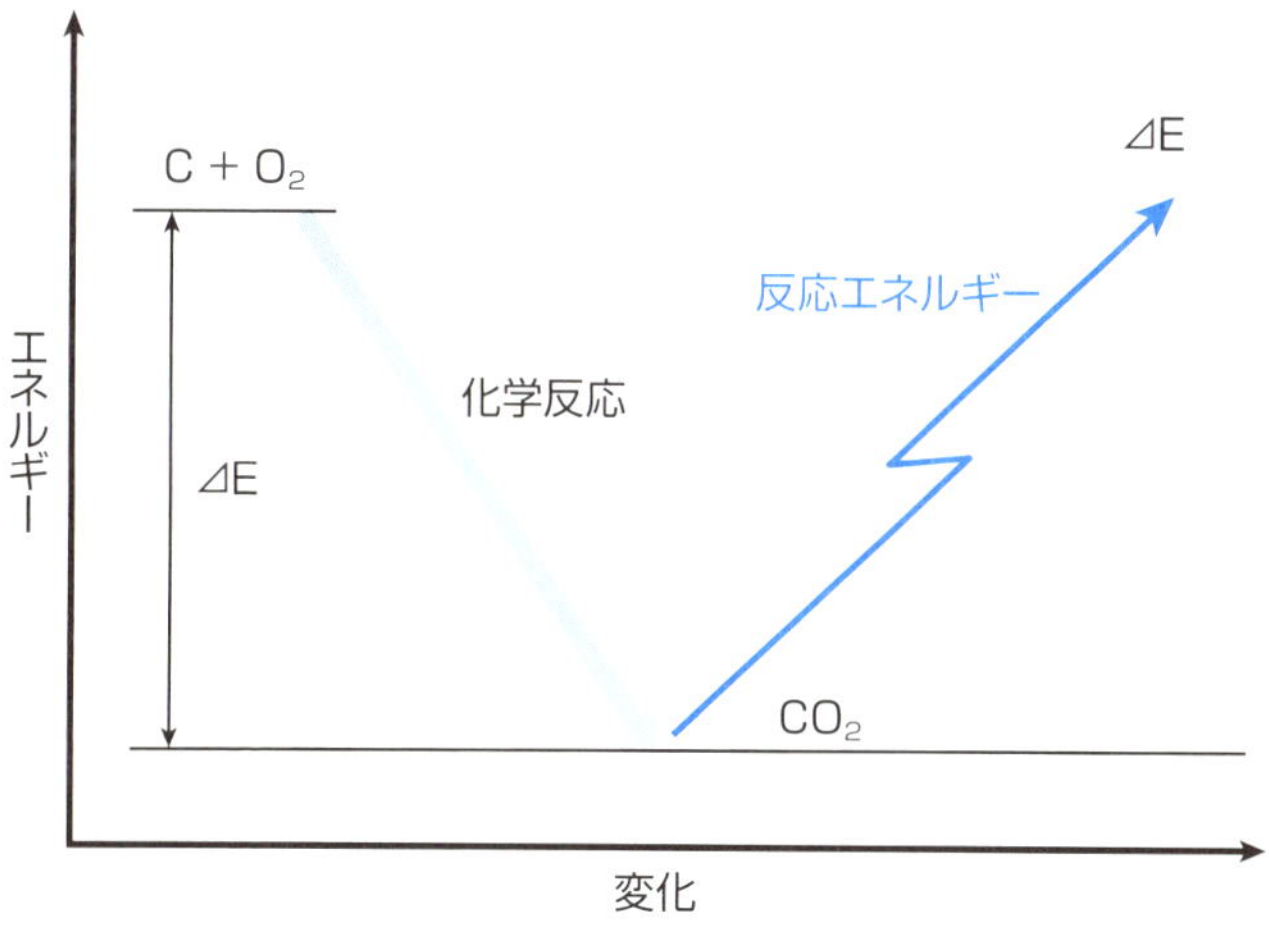

なのです。したがって、反応の進行に伴って両状態のエネルギー差ΔEが放出され、これが熱となり、光となったのです。

発熱反応と吸熱反応

高エネルギー分子が低エネルギー分子に変化すれば、そのエネルギー差ΔEが外部に放出されます。このような反応を一般に「発熱反応」と言い、放出されたエネルギーを「反応エネルギー」と呼びます。

放出されたエネルギーが熱になれば、この反応の進行する周囲は温度が上がり、熱くなります。身の周りの例としては、炭が燃える反応や化学カイロが挙げられます。化学カイロは、鉄と酸素が反応し、酸化鉄になることによって放出される熱を利用したものです。簡単に言えば鉄が燃える反応を利用したものです。

一方、放出されたエネルギーが光となれば周囲を明るく照らします。これが発光です。これらのエネルギーが短い時間に発熱、発光、仕事として放出されたのが爆発ということになります。

反対に低エネルギー分子が高エネルギー分子に変化するためには、外部からエネルギーを吸収する必要があります。このような反応を「吸熱反応」と言います。吸収されたエネルギーは、やはり「反応エネルギー」と呼ばれます。

多くの有機化学反応は吸熱反応であり、反応系を加熱しなければ反応は進行しません。身の周りにある吸熱反応の例としては、簡易冷却パットが挙げられます。これは硝酸ナトリウム$NaNO_3$などが水に溶けるときにエネルギーを吸収することを利用したものです。

一般に新しい化学結合が生成する反応は発熱反応であり、結合が切断される反応は吸熱反応の場合が多いです。炭の燃焼が発熱反応なのは、炭素と酸素の間に新しい結合が生成したことによるものです。それに対して硝酸ナトリウムの溶解が吸熱反応なのは、溶解に伴って硝酸ナトリウムの結晶が崩れ、分子間を結びつけていた分子間力という結合が切れたことに由来します。

SECTION 06

エネルギーとエントロピー

エネルギーは複雑な概念で、その中身はいろいろあります。詮索するときりが無いことになり、本書の程度を超えることになります。しかし、1つ注目しておく価値のある概念があります。それは「エントロピー（entoropy）」です。

エントロピーという言葉は、初めて聞かれる方も多いでしょう。日本語訳があるともっと耳に心地よいはずなのですが、残念なことに日本語訳はありません。したがってどのような場合にもカタカナでエントロピーと書く以外ありません。

それでは、英語圏では知られた言葉かといえば、これは本来の英語でもありません。ギリシア語で「内部」を表す「en」と、「変化」を表す「trope」を組み合わせた造語です。したがって、字面からの意味は「内部変化量」というようなものになります。

変化の方向

分子は反応して他の分子に変化します。赤ちゃんは歳を取って老人に変化するように、分子も宇宙も全ての物は変化します。

多くの場合、変化は川の流れのように高い状態から低い状態に変化します。つまり、高エネルギー状態から低エネルギー状態に変化します。しかし、全ての変化がそうだと言うわけではありません。先に見た吸熱反応のように低エネルギー状態から高エネルギー状態に変化する反応だってあります。

このように考えると、反応を変化させる要因は、エネルギーだけではないようです。それでは、エネルギー以外の要因とは何なのでしょうか？　このような疑問から考案されたのがエントロピーなのです。

例えば、テーブルに置かれたコーヒーカップからはコーヒーの香りが流れ出ます。香りはテーブルの周囲に漂い、室内を満たし、やがて廊下に広がっていきます。どこにでもある情景です。ところが反対に、廊下に漏れたコーヒーの香りがカップに吸い寄せられ、室内やテーブル周囲の香りが全てカップの中に戻ったという現象は起こるでしょうか？　これはありえない現象です。しかし、全ての香りがカップの中に閉じ込められた状態と、香りが廊下にまで広がった状態の間にエネルギーの違いは無いはずです。しかし、香りは常に外に広がって空気と混ざろうとしているのです。

整然と乱雑

箱の内部を仕切り板で仕切って2室に分けます。片方に気体Aを入れ、もう片方に気体Bを入れます。AとBは画然と仕切られた状態であり、これは整理された整然とした状態と言うことができるでしょう。

この仕切り板を外すと何が起きるでしょう？　両方の気体は互いに行き来するようになり、混ざり合って乱雑な混合状態になります。お母さんが整然と整理した子供部屋は、すぐに乱雑になってしまいます。整然と建築された都市も、人から見放

●整然と乱雑の状態

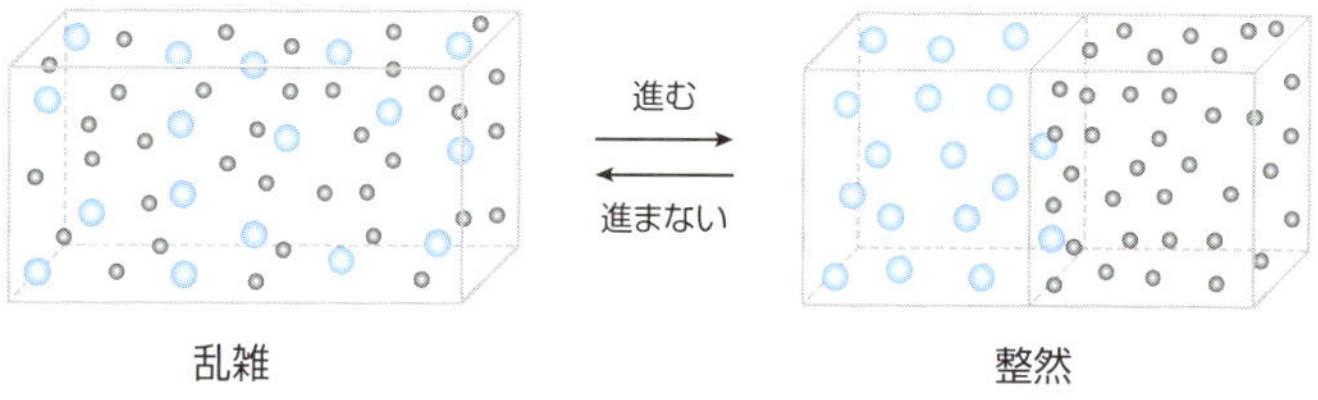

されて数十年も経ったら乱雑に荒廃した廃墟となるでしょう。どうも、宇宙には乱雑さに向かって変化する習性があるようです。

乱雑さの程度

この乱雑さの程度を表す量として定義されたのがエントロピー(S)です。系が乱雑であればSは大きくなり、整然としていればSは小さくなると定義します。エントロピーは簡単に言えば熱、すなわちエネルギーを絶対温度Tで割ったものです。

宇宙の根源的な変化を研究する熱力学には重要な法則が3つあります。1つは先に見た第一法則であり、エネルギー不滅の法則です。しかし、第二と第三法則はエントロピーに関したものであることからもエントロピーが重要な概念であることがわかるでしょう。

熱力学第二法則は「変化はエントロピーが増大する方向に起こる」と言うものです。そして、第三法則は「絶対温度0度の純粋結晶のエント

●エントロピー

$$S = E/T$$

ロピーは0である」と言うものです。

第二法則が正しいことは下の事例ですぐにわかります。つまり、氷に触れると冷たいということです。なぜ冷たいのかといえば、指の熱が氷に奪われるからです。熱が指から氷に移動するのです。すなわち、熱は高温の指から低温の氷に向かって移動したのです。熱がこの反対方向に移動することはありません。これは鉄棒の一端を加熱しても同じです。熱は必ず熱い方から冷たい方に移動します。

指と氷におけるエントロピーを比較してみましょう。氷と指の絶対温度はそれぞれ273℃、309℃(体温を36℃とする)です。指から氷に移動した熱量をQとすると、この熱が指にあればエントロピーは、S=Q/309、

●指と氷におけるエントロピーの例

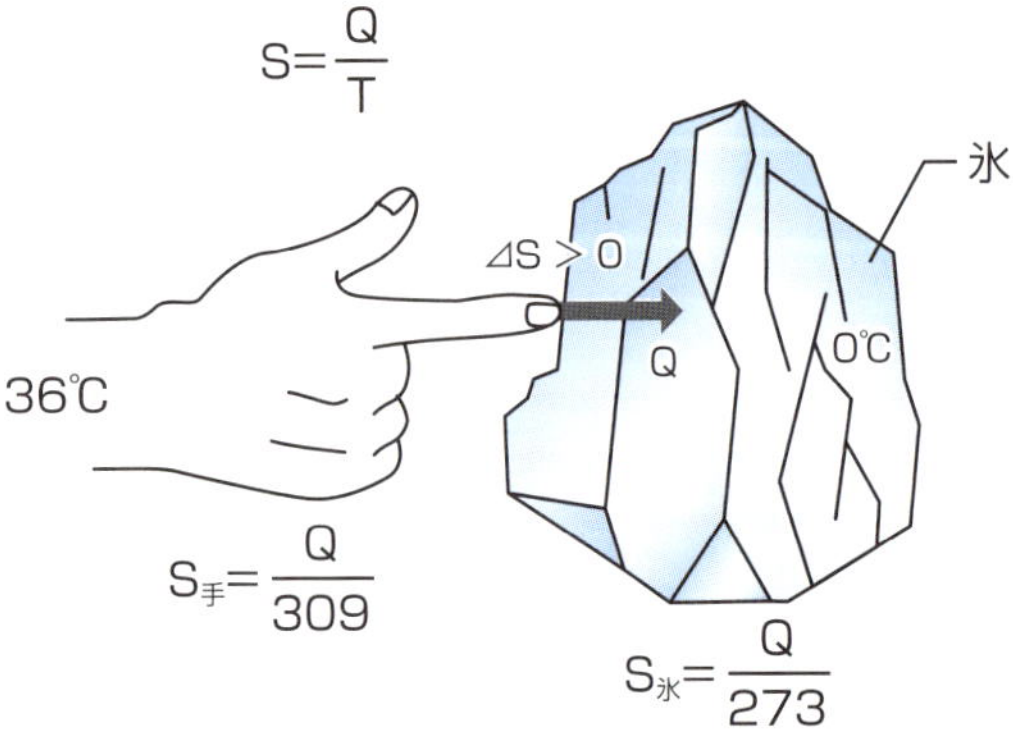

氷にあればS=Q／273です。

言うまでも無く氷の方が大きいです。その故に熱は指から氷に移ったのです。

コーヒーの香りが室内に広がり、子供部屋が乱雑になるのも全ては熱力学の大法則に従ったものであり、子供を叱ってはいけないのかもしれません。

ギブズエネルギー

ところが、これでは反応の方向を決定する要素が2つあることになってしまいます。エネルギー(E)とエントロピー(S)です。反応はエネルギーが低下するように、エントロピーが増加するように変化します。それでは、エネルギーもエントロピーも共に増加する反応、あるいは共に減少する反応はどうなるのでしょうか。このような反応で

●エネルギーとエントロピーのグラフ

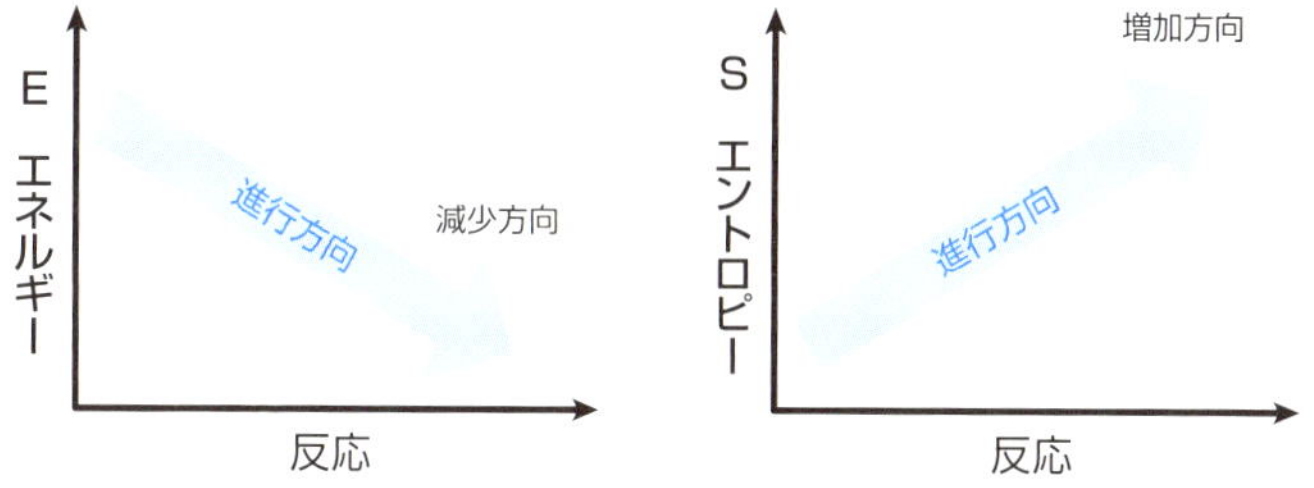

は、EとSのうち、片方は反応が進行するように主張しますが、もう片方は停止するように主張します。これでは互いに協調性の無い2頭の馬にひかれた馬車のように、手綱の取りようが無くなります。

　このような窮地を救ってくれるのが、ギブズの考えたギブズエネルギー（G）です。エントロピーに絶対温度（T）を掛ければエネルギーになります（式①）。

　この関係を用いれば、エントロピーをエネルギーに換算できますから、元々のエネルギーとエントロピーの項を合わせて考えることになります（式②）。

　そして、反応の方向はエネルギーと同じように、ギブズエネルギーが減少するように、つまり⊿G＜0になるように進行すると考えるのです。

●式①

$$E = TS$$

●式②

$$\Delta G = \Delta E - T\Delta S$$

●ギブズエネルギーのグラフ

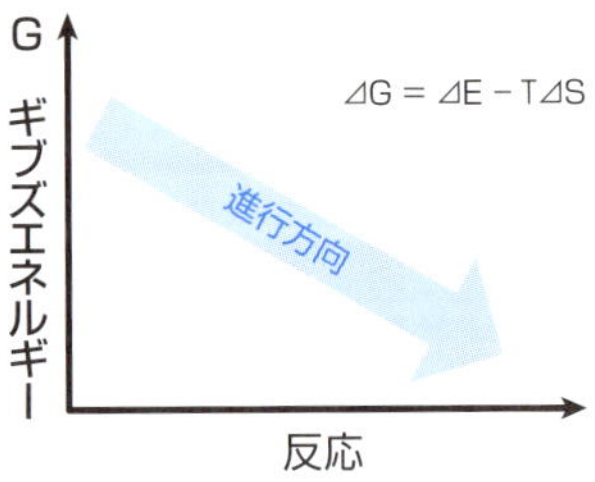

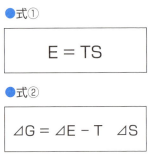

Chapter. 2
古典的な化石燃料

SECTION 07

化石燃料

エネルギーには多くの種類がありますが、中でも人類がその歴史の黎明期から付き合ってきたエネルギーは熱エネルギーでしょう。歴史に霞む太古の人類が用いた熱エネルギーは、火山の噴火による溶岩や山火事の残り火だったかも知れません。しかし、現代において人類が利用する熱エネルギーは石炭、石油、天然ガスなど一般に化石燃料と呼ばれる物の燃焼が大部分です。

化石燃料とは太古の生物の遺骸が地中に埋もれ、地熱と地圧によって変化し、分解してできた有機物燃料のことを言います。

化石燃料の構造

化石燃料の成分は炭素と水素であり、このように炭素と水素だけからなる化合物を一般に「炭化水素」と言います。天然ガスや石油の主成分は炭化水素の中でも最も基本的な化合物である「アルカン」が主です。

アルカンは何個かの炭素が単結合で結合しています。各原子には結合に使うことができる「手」結合手が定まっています。それは、水素＝1、炭素＝4、酸素＝2などとなっています。そして、アルカンでは各炭素には結合手を満足させるだけの水素が結合しています。この結果、アルカンの分子式は炭素数をnとするとC_nH_{2n+2}となり、一般に図のような構造をしています。すなわち、両端のHを除けば残りはCH_2単位が連続しています。問題は、この連続した炭素の個数nで、小さい物はn＝1のメタンから、大きい物はn＝1万以上のポリエチレンまで無数の種類があります。

図に示したものは炭素鎖が直鎖状になったものですが、複雑に枝分かれしたものもあります。この結果、炭化水素の種類は無数にあると言ってよいことになります。

●アルカン

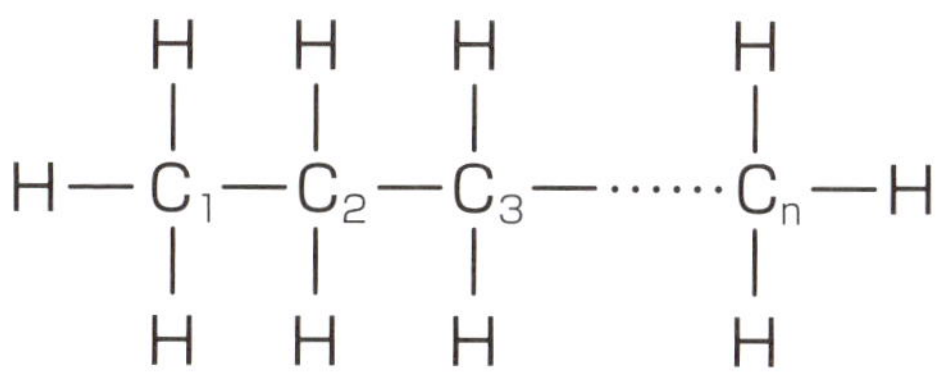

それにしても、炭化水素の性質は炭素数nに大きく依存しており、nが5程度までなら気体、20個程度までなら液体、それ以上なら固体となります。そのため、炭素数に応じて天然ガス、ガソリン、灯油、重油などの名前で分類されます。そのおよその分類を表に示しました。

しかし、ここに示した化石燃料は、天然ガスや石油のものであり、同じ炭化水素でも石炭の構造は、このようなものとは全く違っています。その構造はベンゼンと言われる特有の6角形構造を基本としたものですが、それについては石炭の項目で詳しく見ることにしましょう。

●炭化水素の分類表

n	名前(沸点)	状態
1	メタン(天然ガス)	気体
2	エタン	
3	プロパン	
4	ブタン	
5~11	ガソリン(30~250)	液体
9~18	灯油(170~250)	
14~20	軽油(180~350)	
>17	重油	
>20	パラフィン	固体
数千~数万	ポリエチレン	

可採年数

太古の昔から存在したとはいえ、地球上に生存した生物の量には限りがあります。ましてその遺骸が条件に恵まれて生成した化石燃料の量にも限りがあると言います。その化石燃料を燃やして二酸化炭素と水にしてしまったのでは、化石燃料が枯渇するに決まっています。

化石燃料がこの先何年分残っているのかを表す数値を「可採年数」と言います。可採年数は確認された埋蔵量である可採埋蔵量を年間消費量で割った値です。したがって今後、探索技術が発展して、新しい油田が見つかったら可採年数は長くなります。しかし、化石燃料の総埋蔵量など調べようもありません。また、省エネ技術が発展して消費量が減っても可採年数は長くなります。つまり、可採年数は常に長くなる（増えていく）運命にあるのです。

現に私が学生時代、つまり今から45年ほど前の石油危機の際には、石油の可採埋蔵量は35年と言われていました。それが現在でも同じことが言われているのです。当時に見識があったら可採埋蔵量は「少なくとも45年＋35年＝80年」と言うべきだったことになります。

化石燃料の可採年数には、さまざまな説がありますが、天然ガスと石油が40年ほど、石炭が120年ほどのようです。原子炉の燃料であるウランにも可採埋蔵量があり、それは100年程度と言われています。

天然ガスや石油には、シェールガス、シェールオイルなどと呼ばれる新しいタイプのものが発見され、それに伴って可採年数は増えています。ウランも海水中のウランを回収したり、高速増殖炉の実用化に成功したら可採年数は飛躍的に増えるでしょう。

しかし、資源に限りがあるのは確かです。いつの日か、枯渇する日が来るに決まっていますと思いたいのですが、実はこれにも異論があります。つまり、枯渇することは無いと言うのです。この話は次の項目で見ることにしましょう。

SECTION 08

化石燃料の燃焼

化石燃料の燃焼には、2つの問題があります。1つは燃焼によって得られるエネルギー（熱）であり、もう1つは燃焼によって発生する廃棄物による環境問題です。

燃焼エネルギー

炭化水素である化石燃料が燃焼、すなわち酸素と反応すると、炭素Cは二酸化炭素CO_2となり、水素Hは水H_2Oとなります。

この2つの反応は、いずれも発熱反応であり、反応に伴って反応エネルギー（燃焼エネルギー）を放出します。このため、化石燃料は燃料として有効に使うことができるのです。

●炭化水素の燃焼エネルギー

$$C + O_2 \longrightarrow CO_2 + \text{エネルギー}$$

$$2H_2 + O_2 \longrightarrow 2H_2O + \text{エネルギー}$$

ここで注意すべきは、炭素C部分の燃焼はエネルギー（熱）と共に問題のある二酸化炭素CO_2を発生しますが、水素H部分の燃焼は、エネルギーの他には全てに無害な水H_2Oしか発生しないということです。

化石燃料の環境問題

炭素部分の燃焼によって生じる二酸化炭素は温室効果ガスであり、地球温暖化効果があります。そのため、最近は化石燃料の燃焼をできるだけ抑えようという方向になっているのはご存知の通りです。また、石油、石炭には不純物として硫黄S化合物や窒素N化合物が含まれています。

硫黄化合物が燃焼するとSOやSO_2など各種の硫

●燃焼エネルギーのグラフ

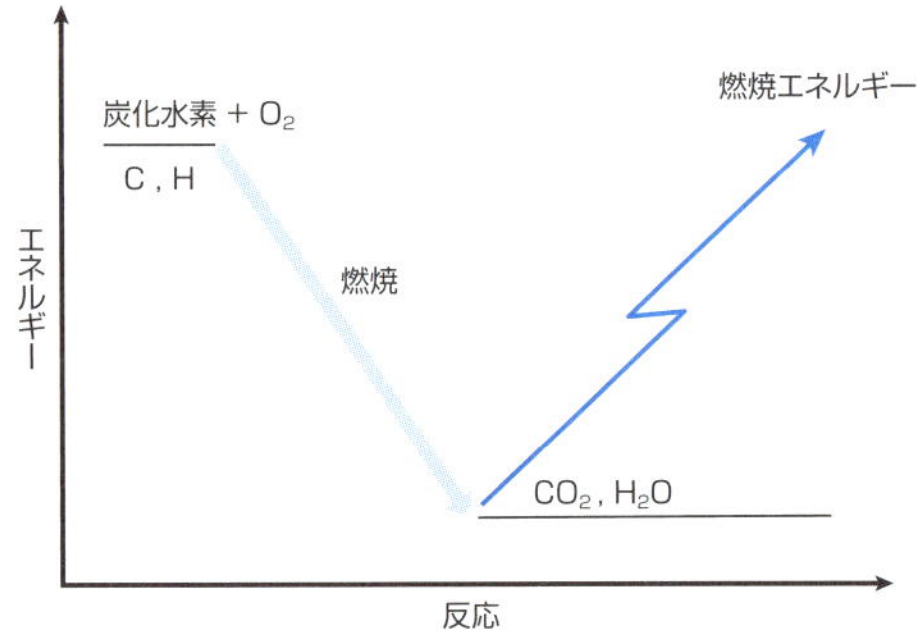

黄酸化物が発生します。硫黄酸化物の種類は多いので、これらをまとめてx個の酸素Oと結合した硫黄Sという意味でSOxと書き、ソックスと読むことになっています。全く同様に窒素酸化物はNOx、ノックスと言います。

問題は、SOx、NOxは酸性物質であるということです。SOxは水(雨)に溶けると硫酸をはじめとした強い酸になり、NOxは硝酸などの強酸になります。つまり、これらは酸性雨の原因になるのです。

酸性雨は屋外の銅像など、金属を錆びさせるという害の他に、植物を枯らすという問題があります。山の植物が枯れたら山は保水力を失い、洪水が頻発します。この結果、山の表面の肥沃な土は流し去られ、山には二度と植物が生えなくなります。つまり、地球上に砂漠化が進行するのです。

●SOxとNOxの性質

SOx

化学式	SO	S_2O_3	SO_2	SO_3	S_2O_7	SO_4
性質	気体	固体 青緑色	気体	固体	油状 無色	固体 白色

NOx

化学式	N_2O	NO	N_2O_3	NO_2	N_2O_4	N_2O_5
性質	気体 無色	気体 無色	気体 赤褐色	液体 黄色	液体 黄色	固体 無色

$SO_2 + H_2O \longrightarrow H_2SO_3$ 亜硫酸

$SO_3 + H_2O \longrightarrow H_2SO_4$ 硫酸

$N_2O_5 + H_2O \longrightarrow 2HNO_3$ 硝酸

脱硫装置

1960年代の日本の環境は汚れていました。その中でも四大公害と言われるものが有名です。熊本、新潟で水銀によって起こった第一、第二水俣病、富山で起こったカドミウムによるイタイイタイ病、そして、四日市で起こった四日市ゼンソクです。

四日市ゼンソクは、当時設立された四日市コンビナートの工場群で燃やされた石油排ガスに含まれるSOxが原因であることが判明しました。その解決策として採用されたのが石油脱硫装置です。これは燃やす前の石油から硫黄分を除くタイプと、燃やした後の排気から硫黄分を除くタイプの2種がありました。どちらも効果があり、公害は収束しました。脱硫装置が普及した背景には経済的な問題があると言われています。

硫黄は化学産業にとって重要な原料です。通常ならば硫黄鉱山から買わなければなりません。ところが脱硫装置を設置すれば自前で石油から得ることができるのです。つまり、脱硫装置の設置費用が硫黄買収費用で賄われるのです。ということで、各企業が設置しました。そのため硫黄鉱山は、のきなみ閉山の憂き目を見ました。現在、稼働している硫黄鉱山は無いようです。

SECTION 09

石油

化石燃料の中で現在最も大量に使われているのは石油です。日本は石油の一大輸入国です。しかし、少量ながら日本でも石油は生産され、昔から細々と使われてきました。日本書紀には、天智7年（668年）には越の国（新潟県）から燃える水（石油）と燃える土（アスファルト）が朝廷に献上されたと記されています。

石油の種類

一般に石油は、地中の油田に埋蔵されています。したがって石油は、大地や海底に油井と呼ばれる井戸を掘り、そこから原油として汲み上げられることになります。原油はドロッとした黒色の油状物、もしくはタール状物質であり、さまざまな有機物の混合物です。このような混合物から、私たちがよく知っているガソリンや灯油を得るためには、蒸留という操作が必要となります。

蒸留は原油を加熱し、その際に揮発してくる成分を温度によって分け採る操作です。図に、実験室で用いる蒸留装置を示しました。油浴を加熱して原油が温まると、その温度によって、さまざまな構造の石油が気体となって蒸発してきます。それが冷却器で冷却されて液体となり、受け器に溜まります。石油類の名前、蒸留温度(沸点)、炭素数、用途などは次ページの表に示した通りです。

最後に揮発せずに残った部分がピッチとなり、アスファルトなど道路

●蒸留装置

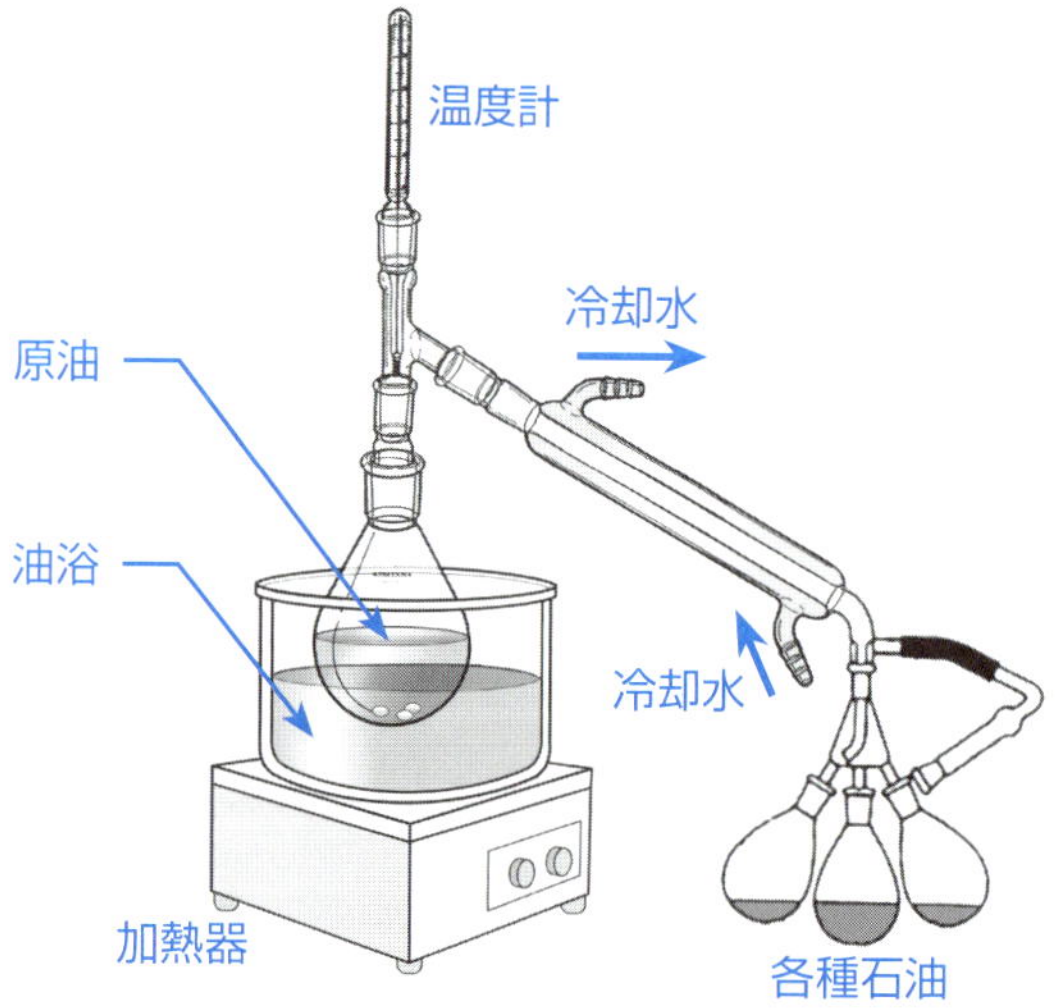

舗装に使われています。最近話題の新素材、炭素繊維にはパン系とピッチ系の2種類がありますが、ピッチ系は、このピッチを原料とし、高温の特殊処理を施して作成したものです。

石油の燃焼と二酸化炭素

化石燃料を燃やすと二酸化炭素が発生し、地球温暖化が進展すると言います。地球には太陽熱が降り注ぎますが、その熱は宇宙空間に反射され、地球に溜まることはありません。だから地球は恒温でいられるのです。もし、熱を溜め込んだら、地球の温度は上がり続け、いつか溶岩の塊になるかもしれません。

ところが、二酸化炭素などの温室効果ガスと呼

●石油の種類と用途

名前	沸点	炭素数	用途
石油エーテル	30～70	6	溶剤
ベンジン	30～150	5～7	溶剤
ガソリン	30～250	5～10	自動車、航空機燃料
灯油	170～250	9～15	自動車、航空機燃料
軽油	180～350	10～25	ディーゼル燃料
重油	―	―	ボイラー燃料
パラフィン	―	>20	潤滑剤
ポリエチレン	―	～数千	プラスチック

ばれるものは、熱を溜め込む性質があります。そのため、地球の大気中の二酸化炭素濃度が上がると地球の温度が上がると言うわけです。

温室効果のある気体は、二酸化炭素だけではありません。気体が熱を溜め込む能力は地球温暖化係数という数値で表されます。それによると二酸化炭素は標準物質なので1ですが、天然ガスの主成分であるメタンは26、オゾンホールの原因と言われるフロンに至っては数千から1万を超えます。二酸化炭素の効果などたかが知れているように見えますが、なぜ二酸化炭素だけが槍玉にあげられるのでしょうか？

それは二酸化炭素の発生量にあります。石油が燃えるとどれだけの二酸化炭素が発生するか、簡単な計算で求めてみましょう。

●二酸化炭素の発生量

$$H-CH_2-CH_2-\cdots\cdots CH_2-H$$

1 → CO_2　2 → CO_2　n → CO_2

$$H(CH_2)_nH \longrightarrow n\,CO_2$$

相対重量　14n ⟶ 44n

（石油）　14kg ⟶ 44kg（二酸化炭素）

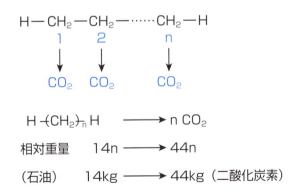

先に見たように石油の構造はCH_2単位がいくつか並んだものです。このCH_2単位が1個燃焼すると1個のCO_2と1個のH_2Oになります。つまりn個のCH_2単位が並んだ石油が燃えるとn個の二酸化炭素が発生します。

原子の総体的な重さは原子量という単位で表されます。それによるとH=1、C=12、O=16です。つまりCH_2単位の相対的重さは12+1x2=14です。一方CO_2は12+16x2=44です。これは重さ14nの石油が燃えると重さ44nの二酸化炭素が発生することを意味します。すなわち、燃えた石油の3倍の重さの二酸化炭素が発生するのです。家庭用の20Lポリタンク(石油重量約14kg)1個分の石油が燃えると44kgの二酸化炭素が発生するのです。石油の二酸化炭素発生量の凄さがわかります。

石油の起源

地球上の生物は、どれも炭素系であり、生体の主要部分は炭素、水素、酸素、窒素などで出来ています。このような生物に由来する燃料が石油なのですが、その成り立ちにはいくつかの説があります。

❶有機起源説

生物が死ぬと腐敗や化石化して、地熱や地圧で分解されます。数億年前の生物の死骸が変化したものが石油、石炭などの化石燃料であると言います。石油は微生物の遺骸が分解してケロジェンという物質になります。それがさらに分解して、都合よく浸透性の低い岩石の上に溜まったものが石油や天然ガスであると言います。

❷無機起源説

無機起源説では、石油は地中の化学反応によって発生すると言います。昔は有機物は生命体が作るものと考えられていましたが、現在、そのように考える人はいません。有機物は生命体も作りますが、生命体以外の物質の化学反応からも作ることができます。

無機起源説は、カーバイドの例を見ると理解できるでしょう。カーバイドCaC_2は無機物ですが、水と反応すると有機物であるアセチレンC_2H_2を発生します。アセチレンが地熱と地圧で変化(重合)したら

●カーバイドと水の反応

$$CaC_2 + H_2O \longrightarrow CaO + C_2H_2$$

石油になる可能性は充分にあると思われます。

このように、地中の高温高圧によって炭素CとカルシウムCaが反応してカーバイドCaC_2になったように、無機反応によって石油の母体ができたとするのが無機起源説です。

❸惑星起源説

アメリカの天文学者トーマス・ゴールド博士が2003年に提唱したもので新しい説です。彼によると惑星ができる時には、その内部に大量の炭化水素が閉じ込められると言うのです。惑星である地球も例外ではありません。地球の中心近くには膨大な量の炭化水素があると言います。これが比重の関係でゆっくりと地表に浮かび上がり、その過程で地熱、地圧によって変化したものが石油だと言います。

❹細菌起源説

これも新しい説で、しかも日本で発見されました。静岡県の相良油田では無精製でも内燃機関を動かすことができる程の、世界的にもまれな軽質油が産出されます。

１９９３年、京都大学の今中忠行は、相良油田から石油を分解する特殊な菌を発見しました。ところがこの菌は、石油も酸素もない環境におかれると、細胞内に逆に原油を作り出したのです。この際、生成された石油は相良油田産の軽質油と性質が酷似しており、相良油田が形成された一因と考えられることがわかりました。つまり細菌が石油を作っていたのです。

この菌の研究が進めば、将来的には石油醸造プラントでの人工的な石油の製造が可能になるのであり、今後の研究が待たれるところです。

このように石油精製の謎には、いくつかの可能な答えが存在します。このうち、石油の埋蔵量に限りがあると言うのは有機起源説だけです。他の説では、石油は無尽蔵に近いほど大量に存在するか、あるいは現在も無機反応や細菌によって作り続けられているので、当然枯渇することは無いと言います。

どの説が正しいのかは結論が出ていませんが、どの説も正しいのでしょう。いくらかは有機物から生じ、いくらかは無機反応から生じているのでしょう。大切なのは、石油が近い将来、枯渇するとの説だけを信じて右往左往しないことです。

SECTION 10

石炭

石炭は石油、天然ガスと共に化石燃料の代表です。人類が用いた主要なエネルギー源は薪炭(木材)、石炭、石油と変化してきました。石炭の利点は一カ所で大量に採掘できることです。その上、世界各地に広く分布しています。そのため石炭は、産業革命の17世紀から20世紀にかけてエネルギーの主役でした。

石炭の歴史と採掘方法

日本でも昭和初期には、エネルギーの約75%を石炭でまかなっており、そのほとんどが国産の石炭でした。しかし、現在では石炭は日本の全エネルギーの20%ほどを占めるだけであり、しかもその99%以上は輸入に頼っています。

石炭は、地表から地下にめがけて掘っていく露天掘りができる所もありますが、多くは地中に埋まっています。石炭は固体であることから地下に炭鉱を掘って人力で採掘しなければならず、ポンプで汲み上げることのできる石油に比べて採掘が困難です。運搬もパイプを敷設すれば後は自動化できる石油に比べて困難であり、使用にも不便です。しかし、石炭は石油のおよそ8倍の埋蔵量があり、可採年数も100年以上と言われます。そのため、石炭を改質して使いやすくする工夫なども行われています。

石炭の生成と種類

石炭は古代の植物が分解炭化したものです。石炭の中には年輪の見える物があり、石油に比べて、その由来に問題はありません。古生代の石炭紀(3億年前〜2億4千万年前)から新生代の第三紀(2億4千万年前〜6千万年前)にかけて大量に繁茂した植物が枯れて堆積し、微生物によって分解されてできたものと考えられています。

最初は泥のように水分を含んでいましたが、土中に永く埋もれている間に圧力と地熱によって水分が抜け、炭素含有量が増え、炭化水素が熱変性するうちに安定な芳香族化合物へと変化したものと考えられます。そのため、古い石炭ほど炭素含有量が高く、熱量も大きくなっています。石炭には次のような種類があります。

❶ **無煙炭**

炭素含有量90%以上。石炭化度が高く、燃やしても煙が少ないです。発熱量が高いため、かつては軍艦用燃料に使用されていました。しかし、揮発分が低く、着火性に劣ります。一般燃料の他、家庭用の練炭原料やカーバイドの原料として用います。

❷ **瀝青炭《れきせいたん》**

炭素含有量83~90%。粘結性が高いものは、コークス原料に使われ、最も高値で取引されます。電力用、各種ボイラーに大量の需要があります。埋蔵量が大きく、日本でも生産されていました。

❸ **褐炭《かったん》**

炭素含有量70~78%。石炭化度は低く、水分・酸素の多い低品位な石炭です。練炭・豆炭などの一般用の燃料として使用されています。

❹亜炭

炭素含有量70%以下。褐炭の質の悪いものに付けられた俗名です。日本では第二次世界大戦時に燃料不足のため多く利用されました。現在は土壌改良材などとして輸入された亜炭がごく少量利用されています。

❺泥炭(peat)

泥状の炭。石炭の成長過程にあるもので、品質が悪いため工業用燃料としての需要はありません。ウイスキー製造の際に、大麦麦芽を乾燥させる燃料として香り付けを兼ねて用いられます。また、繊維質を保ち、保水性や通気性に富むことから、園芸用土として使用されます。

石炭の構造

石炭は石油と同じように主成分は炭化水素であり、構成元素は主に炭素と水素ですが、分子的な構造は石油とは随分異なっています。すなわち、石油が一重結合だけでできた鎖状の化合物なのに対して、石炭は二重結合を含む環状の化合物からできています。つまり、六角形の環状単位構造がたくさん含まれているのです。

この六角形の中に1つおきに二重結合が入った単位構造は、ベンゼン環と呼ばれ、有機化学では非常に重要な基本骨格の1つです。ベンゼン環を持つ化合物は一般に芳香族と呼ばれ、安定で反応性に乏しいという性質があります。しかし、芳香族特有の反応に対しては高い反応性を持っており、各種の有機化合物の基本構造として重要なものです。

石炭の改質

石炭が、埋蔵量は多い割に、近年あまり使われなくなった理由の大半は、固体であることによる使い勝手の悪さにあります。この固体の欠点を克服するため、石炭から気体、液体の燃料を得る工夫が昔からいろいろと行われています。主なものを見てみましょう。

❶ 乾留

乾留とは蒸し焼き、すなわち空気を遮断して加熱分解することを言います。石炭の乾留には600℃前後で行う低温乾留と、1000℃前後で行う高温乾留がありますが、現在は高温乾留が主流です。

それぞれの方法での生成物の割合は表に示したとおりです。いずれの場合も主成分はコークスであり、これは製鉄の際の還元的加熱材として欠かせないものです。コールタールには多くの種類の芳香族化合物が含まれ、各種化学工業の原料として欠かせません。また石炭ガスは、水素の割合が高く燃焼性に優れています。

●乾留による生成物の割合

生成物	収量	
	低温乾留	高温乾留
コークス [%]	65~75	65~75
コールタール [%]	10~15	5~6
ガス液 [%]	6~10	7~10
石炭ガス [$m^3 \cdot t^{-1}$]	110~170	250~360

❷ 気化

コークスを不完全燃焼させれば一酸化炭素COが発生します。一酸化炭素は酸素と反応(燃焼)して二酸化炭素になる際に、発熱するので燃料として用いることができます。また、コークスを1000℃ほどで水と反応させると一酸化炭素COと水素ガスH₂が発生します。この混合気体は水性ガスと呼ばれ、かつては都市ガスとして各家庭に配られていました。しかし、一酸化炭素は猛毒なので事故や自殺が絶えませんでした。現在の都市ガスは天然ガス(メタン)に切り替わっています。

❸液化

固体燃料の石炭を液体燃料にするには2通りの方法があります。1つは直接法と呼ばれるものであり、石炭に水素を反応させて分解液化する方法です。もう1つは間接法であり、これには乾留によって得たタールを原料にする乾留液化法です。

このほかに、一酸化炭素と水素から金属触媒を用いて炭化水素を合成するフィッシャー法と一酸化炭素と水素からゼオライト系触媒を用いてメタノール経由でガソリンを作るモービル法があります。

●コークスと水の反応

$$C + H_2O \longrightarrow CO + H_2$$

石炭と公害

石炭は、その構造を見ればわかる通り分子構造に占める水素の割合が非常に少ないです。つまり、石炭の燃焼エネルギーの大部分は炭素の燃焼によるものであり、それだけ多くの二酸化炭素を放出します。また、硫黄分や窒素分の割合も高く、これらが燃焼して発生するSOxやNOxは酸性雨や光化学スモッグの原因になります。

産業革命時のイギリスでは大量の石炭を燃焼したため、その排煙が街中に立ち込め、住人は重い呼吸障害に陥ったと言います。1905年頃から、この排煙はsmoke(煙)とfog(霧)の造語からスモッグと呼ばれるようになりました。産業革命時から近年まで、イギリスでは100回に達するスモッグ公害が起きましたが、その最大のものは半世紀ほど前に起こっています。

1952年12月5日から10日の間にロンドンで大スモッグが発生し、約1万人もの人が亡くなったと言うのです。原因は暖房や工業に使った石炭から発生したSOxでした。強い酸性の霧が発生し、その酸性度はpH=2に達したという驚くような記録が残っています。

SECTION 11

天然ガス

天然に産する気体の炭化水素を天然ガス(natural gas)と言います。成分の大部分は、メタンCH_4です。天然ガスは分子中に占める炭素の割合が少ないため、燃焼によって発生する二酸化炭素の割合が石炭や石油より少ないです。また、窒素分も少なく、硫黄分は、ほとんど無いためNOxやSOxの発生量が少なく、環境に優しいと言われています。

都市ガスは、以前は石炭から得る水性ガスでしたが、現在では多くの都市で天然ガスが用いられています。

分布

天然ガスは世界中に広く分布しますが、特に旧ソ連や中東に多くあります。可採埋蔵量は2016年時点で約190兆立方メートルあるとされ、可採年数は約30年と言われています。

天然ガスは日本にも存在し、関東地方だけでも埋蔵量は、4千億立方メートル以上あると推定され、埼玉・東京・神奈川・茨城・千葉の一都四県にまたがる地域で南関東ガス田を形成しています。この地帯に天然ガスが存在することは古くから知られていたようですが、歴史に残ることでは次の記録があります。

明治24年(1891年)、大多喜町において醤油醸造業者が水井戸を掘ったところ、真水は出ず「泡を含んだ茶褐色を呈する塩水」ばかり湧出するため、落胆して吸っていたタバコをこの泡へ投げ込んだところ、泡が青白い炎を上げて燃

●世界各地に存在する天然ガス(確認埋蔵量)

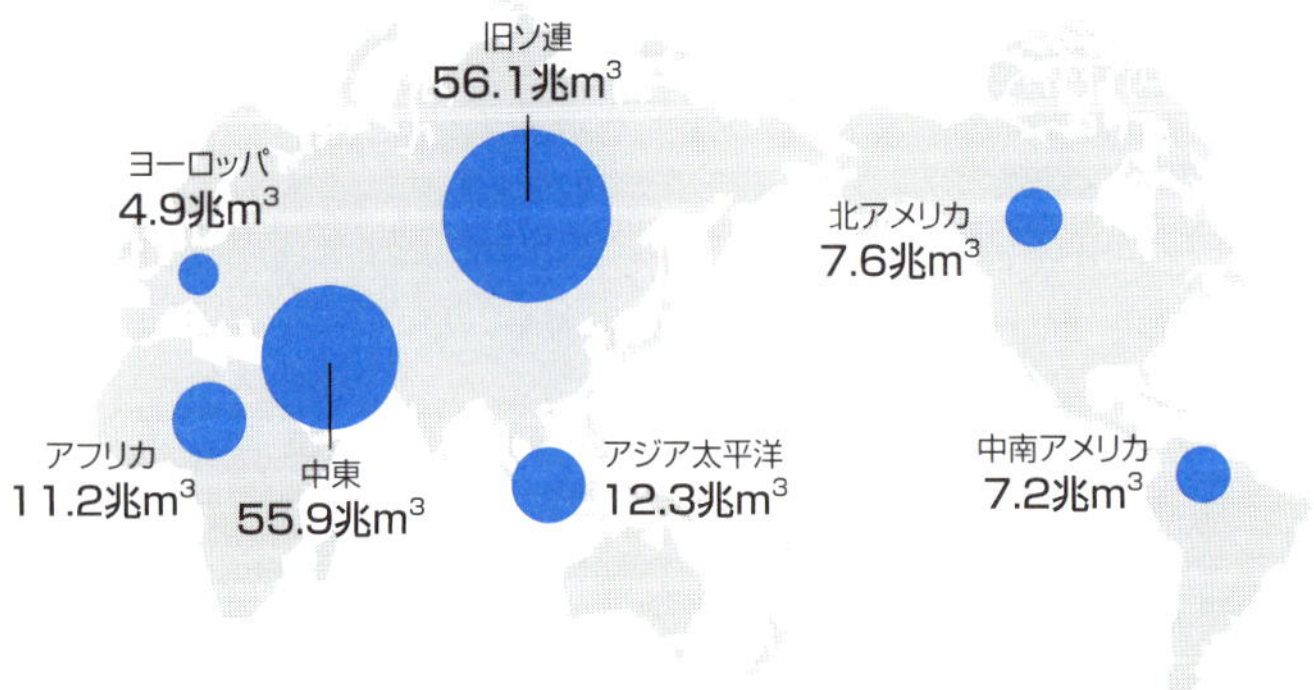

え上がり、居合わせた人たちが一堂に驚いたというものです。

戦時中には、このガスから人造石油を作り、戦闘機の燃料にしたとのことです。しかし、東京の直下にあるため現在では多くの地域で採掘は厳しく規制されており、房総半島でわずかに採掘されているのみです。

東京都や千葉県では、自然放出される天然ガスによって事故がたびたび起きています。そのため家の床下には土台にガスを逃すための窓を開ける家が多くなっています。

組成

天然ガスの主成分はメタンCH_4ですが、少量のエタンCH_3-CH_3、プロパン$CH_3-CH_2-CH_3$、ブタン$CH_3-CH_2-CH_2-CH_3$、ペンタン$CH_3-CH_2-CH_2-CH_2-CH_3$などを含んでいます。

不純物としては窒素分を含みますが硫黄分は含みません。その

●産地による成分の違いの例

産地	メタン	エタン	プロパン	ブタン	ペンタン	窒素
ケナイ(アラスカ)	99.81	0.07	0.00	0.00	0.00	0.12
ムルート(ブルネイ)	89.83	5.89	2.92	1.30	0.04	0.02
ダス(アブダビ)	82.07	15.86	1.86	0.13	0.00	0.05

(mol/100mol)

ため、燃焼してもNOxは発生しますが、SOxは発生しないので石炭や石油に比べて環境に優しいと言うことができるでしょう。成分の割合は産地によって異なります。

起源

石油と同じように、天然ガスの起源もいろいろあります。しかし、石油の場合と違って、どれか1つの説が優位性を主張するのではなく、いろいろの起源の天然ガスが存在するというところで折り合っているようです。

❶有機成因

有機物が地熱地圧によって分解変性して生成したというものです。これには2種類の天然ガスがあります。

・**熱分解性ガス**

堆積物中の有機物のうち、原油などの有機溶媒に溶けない有機物が熱分解したもの。

別名ウェットガス。エタン、プロパン、ブタン、ペンタンを多く含有する。

・バクテリアガス

石炭や堆積物中の有機物が低温においてバクテリアによって分解したもの。別名ドライガス。メタンを主成分とし、他の成分は少ない。

❷無機成因

流紋岩などの火山岩体や海底枕状溶岩中に存在し、マントル中の無機炭素を起源とするもの。

運搬・貯蔵

運搬や貯蔵の問題点は、天然ガスが気体であるということに尽きます。常温常圧（0℃、1気圧）の天然ガスは、もちろん気体ですが、低温にするか高圧にすると液体になります。温度では、マイナス162℃にすると液体になり、体積は約1／600になります。

したがって日本に運搬する場合には、低温の液体にして液化天然ガスＬＮＧ(liquefied natural gas)の名前で専用のタンクローリーを用いることになりますが、もちろん運搬中も冷却を続けなければなりません。その間の輸送コストは天然ガス使用の大きなデメリットとして作用します。

日本に到着した後は、大口の輸送はＬＮＧとして液体用のパイプライン、あるいはタンクローリーで行い、小口の輸送は各家庭におけるように気体でのパイプライン輸送となります。

Chapter.3
新しい化石燃料

SECTION 12

シェールガス

化石燃料の典型と言えば石油、石炭、天然ガスの御三家です。生産量、消費量ともこの3つがトップを独占しています。最近、これら以外の化石燃料にも注目が集まっています。それどころか生産量が急激に上昇し、御三家の一角を脅かす勢いになっているものもあります。ここでは、このような新しいタイプの化石燃料を見てみましょう。

シェールガスとは

最近ニュースを騒がしているのは「シェールガス」です。「シェルガス」ではありません。というのは、シェールという英語は余り知られていないのに、よく知られた英語にシェル（貝殻）があることから、シェールガスをシェルガス（貝殻ガス）と勘違いしている人が見えるようだからです。

頁岩

シェールガスの「シェール」は岩石の名前なのです。日本語でいうと頁岩《けつがん》となります。「頁」という漢字を「けつ」と読むことは滅多に無いと思います。多くの場合には「ページ」と読む習慣です。しかし、辞書によれば「頁」は音読みでは「ケツ」あるいは「ヨウ」、訓読みでは「カシラ」となっているので、「頁岩」を「けつがん」と読むことは漢字としては変でも何でも無いことになります。

それはともかく、頁岩が「ページ岩」であることは確かなようです。というのは、頁岩は堆積岩のうち、粘板岩の一種であり、細かい粘土が層状に堆積したものです。そのため、本のページ(頁)のように薄くはがれるのです。そのためページ岩と名付けたもので、事情を聞けば巧みな命名と思わざるをえません。

●頁岩

シェールガス

頁岩は粘土が積もったものですから、積もる過程に植物や動物の遺骸が挟み込まれることが多くあります。そのため、頁岩からは植物や魚類、動物など多くの生物の化石が発見されます。また、頁岩は隙間が多く、多孔質でもあるので、さまざまな物質が吸着されます。挟み込まれた遺骸が分解されて石油となり、さらに分解されて気体のガスとなって頁岩に吸着されるのは自然の生業ということになります。同様に、生物起源でなくとも、適当な気体が発生したら頁岩は同じように吸着するでしょう。このようにして出来たのがシェールガスであり、シェールオイルという訳なのです。

シェールガスの成分は、Chapter.2で紹介した天然ガスと全く同じであり、主成分は、メタンで微量成分としてエタンやプロパンなどを含みます。

シェールガスの分布

シェールガスの総埋蔵量は270兆立方メートルと、天然ガスの180兆立方メートルをはるかに超えています。シェールガスは世界中に広く分布しています。主な分布地は下の図になります。

これを見るとシェールガスの埋蔵地は天然ガスの埋蔵地とは異なっています。つまり、天然ガスが存在しない地域にも存在しているのです。シェールガスの探索の歴史は古くないので今後、さらに新しい埋蔵地が見つかる可能性は高いと思われます。

しかし、残念ながら地層の新しい日本で発見される可能性は低いと言われています。

シェールガスの採取

シェールガスの問題点は、その採取が困

●米エネルギー情報局（EIA）による主なシェールガスの分布図

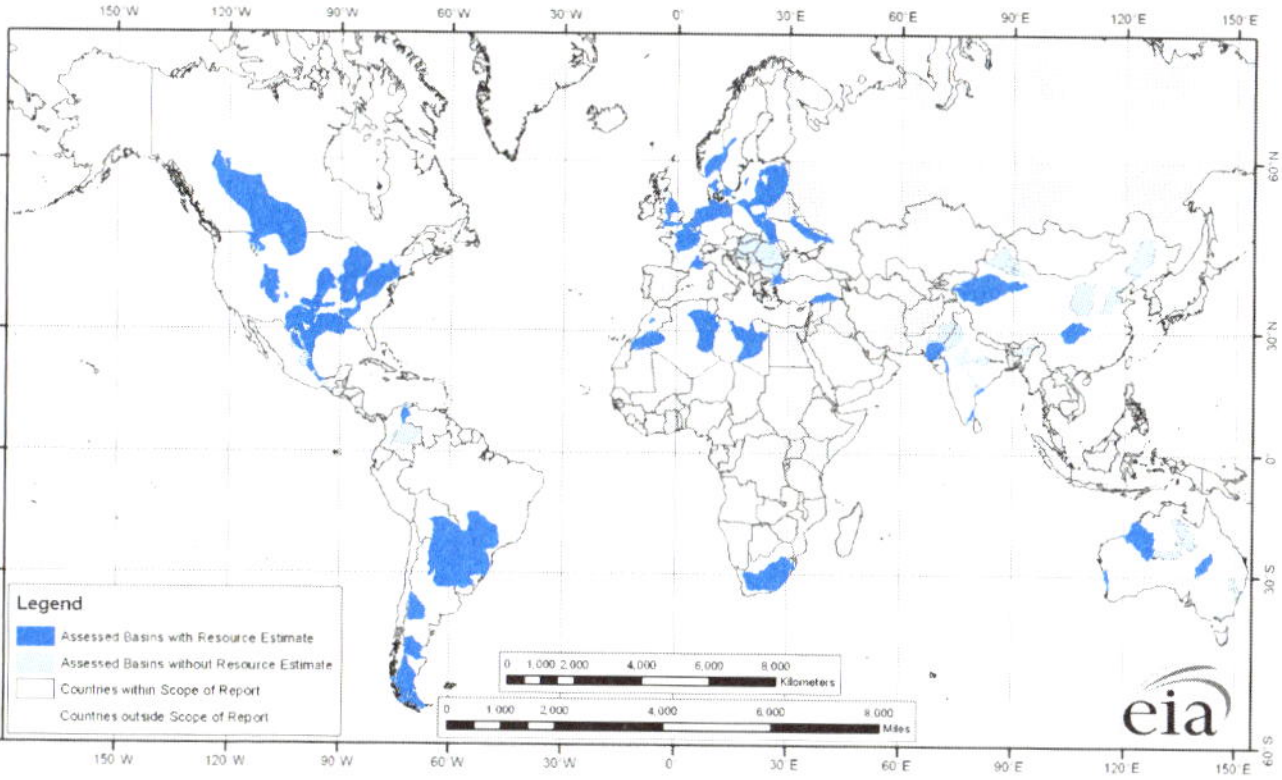

難なことにあります。というのは、シェールガスを含む頁岩層が地下2000〜3000mという大深度にあるということです。昔からシェールガスは、その存在は知られていたものの、採掘の方法が無いまま放置されていました。

　ところが今世紀に入ってからアメリカで画期的な採掘法が開発されました。それは斜坑法《しゃこうほう》と言われるものです。これはシェールガスを含む頁岩層まで垂直の坑道を掘り、頁岩層に達したところで層に沿って斜めに掘り進むのです。

　しかし、シェールガスは頁岩に吸着されています。穴をあけたからといってガスが噴き出すわけではありません。そこで、坑

●シェールガスの採掘法

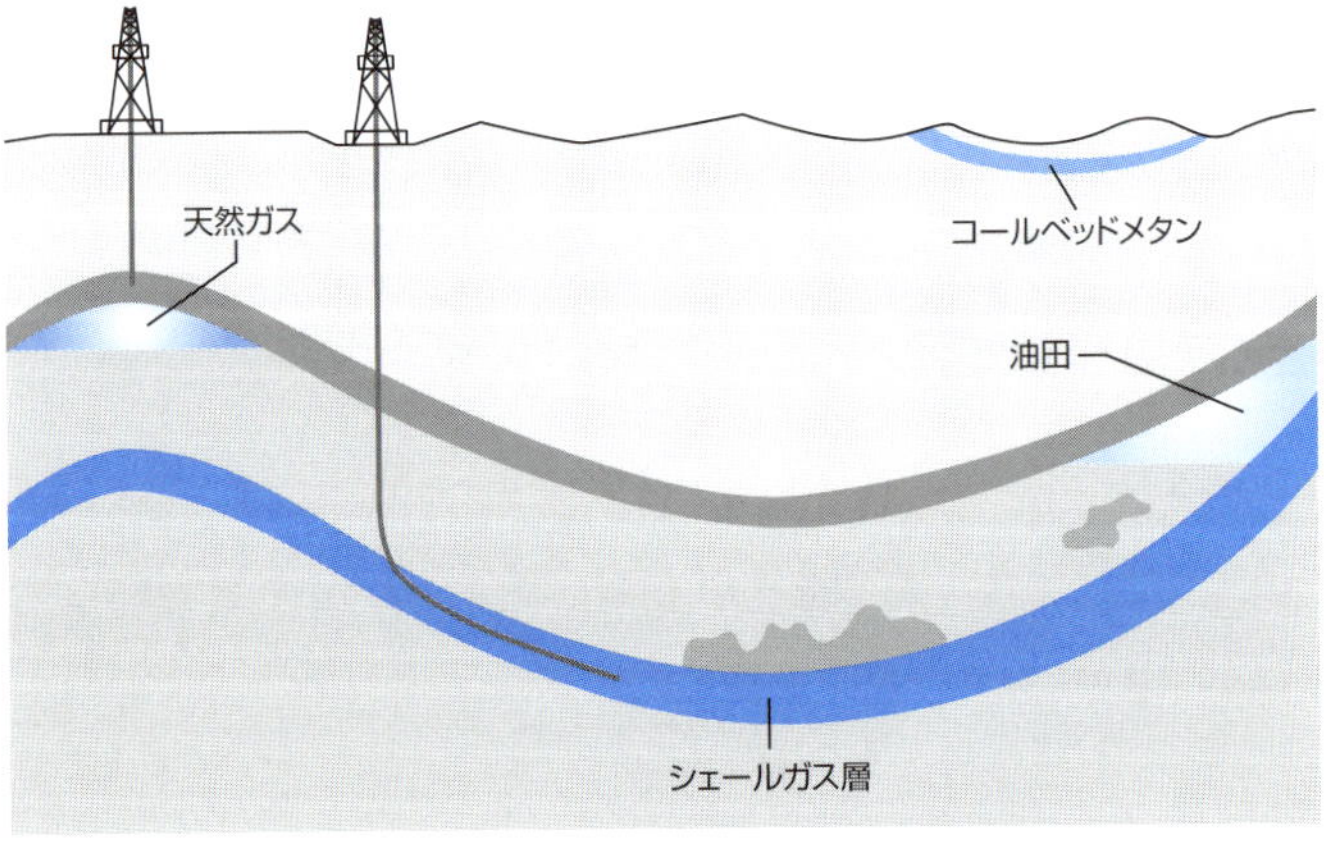

道から化学薬品混じりの高圧水を大量に坑道に噴射し、頁岩を粉々に破砕してガスを放出させます。この水は、海岸近くなら海水、内陸では深い井戸を掘ってそこから地下水を汲み上げて用います。

シェールガスの問題点

世界有数のシェールガス保有国であり、世界に先駆けて採掘法を開発したアメリカは勇んで商業ベースの採掘に臨みました。しかし、2つの大きな問題に遭遇しました。環境問題と経済問題です。

❶ 環境問題

採掘法を見ればわかる通り、この方法は、地下の頁岩層を破壊し、その代わりに化学薬品混じりの水を注入するものです。しかもその水は近隣の地下から汲み上げます。これでは平衡を保っていた地下に激震が走ります。

そのため採掘地帯では、小規模な地震が起こるところさえあるようです。また、井戸水に火を着けると燃え上がるという地帯もあります。井戸水にガスが混じってしまったのです。しかも、シェールガスは気体や液体状態としてまとまって滞溜しているわけではありません。坑道を掘って採掘しても、その周辺のガスを採取したら終わりです。普通のガス田や油田と違って、1本の坑道で全てを汲み上げることはできません。そのため、1本の坑道の寿命は数年、短ければ1年と言われます。つまり、次々と新しい坑道を掘り続けなければならないのです。これでは地層がもちません。

このようなことから、シェールガスが存在することがわかっても採掘を許可しない国もあるようです。賢明な策と言えるかもしれません。

❷経済問題

シェールガスの採掘が始まった途端、アメリカの天然ガスの価格は半分に下がりました。豊富な天然ガスが市場に出回ったからです。これで困るのは既存の天然ガス採掘業者です。彼らも思い切って天然ガスの価格を下げました。こうなると体力比べです。新参のシェールガス業者は資力が足りません。撤退する業者も出てきています。何らかの政治的な対策が待たれるところでしょう。

SECTION 13

コールベッドメタン

コールベッドメタンというのは地中の石炭層にあるメタンガスのことを言います。コールベッドメタンの「コール」は石炭のことで、コールベッドとは「炭床」という意味です。

石炭には多かれ少なかれメタンガスが吸着しています。そのため、石炭を採掘するときにメタンが脱着し、坑道に溜まり坑道爆発を起こすことで危険視されていました。コールベッドメタンは、このかつては嫌われ者だったメタンガスを燃料として利用しようと言うものです。

コールベッドメタンの存在

コールベッドメタンは、現役の炭鉱ばかりでなく、掘り尽くしてしまった廃坑でも、メタンガスは残った石炭や近くの地層に残っていると言います。コールベッドメタンは日本の炭田地帯にも存在し、その推定埋蔵量は日本の天然ガスの可採埋蔵量に匹敵すると言います。

コールベッドメタンの採取

コールベッドメタンを採取するには置換法を用います。つまり石炭層にボーリングで縦穴を掘り、そこから不活性の気体を注入するのです。すると石炭に吸着していたメタンガスと不活性ガスが置き換えられ、不活性ガスが石炭に吸着されて、代わりにメタンガスが出てくると言うのです。

うれしいのは不活性ガスの種類です。窒素ガスN_2や二酸化炭素CO_2が使用可能です。つまり、1本のボーリングの穴から二酸化炭素を吹き込むと、別の穴からメタンガスが噴き出すというわけです。まるで手品のようです。しかも石炭に対する吸着能力の違いから、二酸化炭素1分子が吸着するとメタン2分子が脱着(外れる)すると言いますからうれしい限りです。

これを利用したら、地球温暖化の原因物質として嫌われている二酸化炭素を地中に閉じ込め、代わりに燃料のメタンを手に入れることができるわけです。既にアメリカのニューメキシコ州などでは商業生産が行われていると言います。

現在考えられている魅力的な利用法の1つは、炭田地帯に火力発電所を建設することです。燃料は地下から得たコールベッドメタンを用います。そしてコールベッドメタンを燃焼して発生した二酸化炭素を炭層に送り込むのです。こうすれば、二酸化炭素の実際的な発生無しに火力発電を行うことができます。

●コールベッドメタンの採掘イメージ

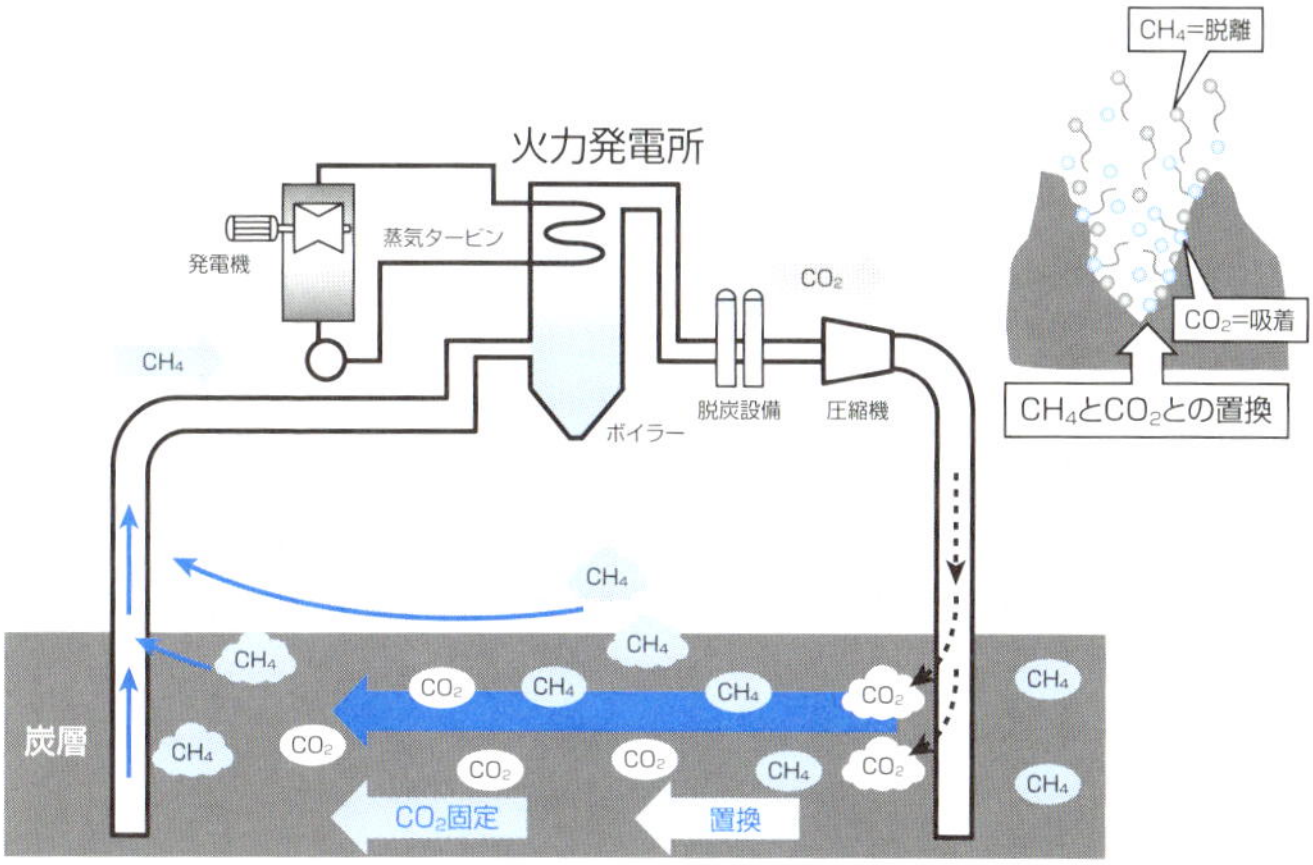

※（参考資料）独立行政法人 石油天然ガス・金属鉱物資源機構

SECTION 14

メタンハイドレート

ハイドレートというのは水和、簡単に言えば水と結合すると言うような意味です。つまりメタンハイドレートというのは、水と結合したメタンと言うような意味になります。メタンハイドレートは真っ白で冷たく、シャーベットのような物体です。ところがこれをスプーンにすくってマッチの炎を近づけると、なんとシャーベットが青白い炎を上げて燃えるのです。メタンハイドレートとは何でしょうか？

水の会合

メタンハイドレートの構造を知るには、水分子の性質を知らなければなりません。水の分子式はH_2Oであり、2個の水素原子Hと1

●メタンハイドレート

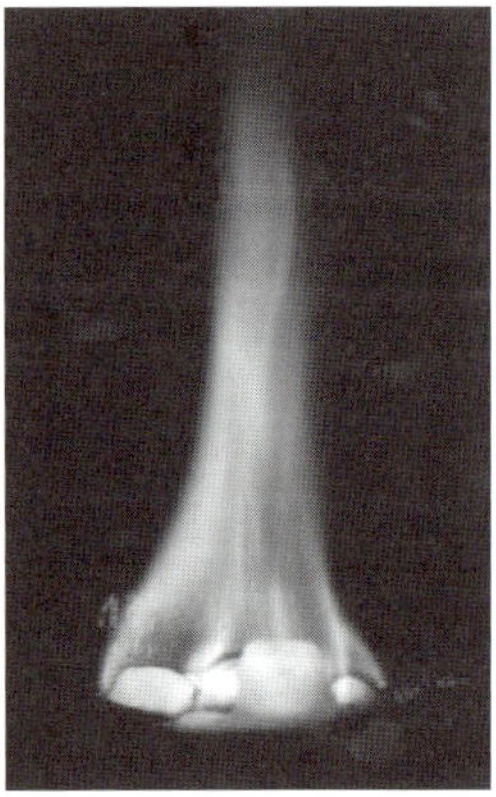

個の酸素原子Oからできています。酸素と水素はH−O−Hという順序で結合していますが、形は一直線状ではなく、∠HOH＝104.5°という「くの字形」に曲がっています。

水素結合

水分子の特徴は、分子全体としては電気的に中性ですが、HとOが電気的に中性ではないということです。つまりHが幾分＋（プラス）に帯電し、酸素は幾分−（マイナス）に帯電しています。

このような分子を一般にイオン性分子とか極性分子と言います。多くの分子がこのような性質を持っており、決して珍しいものではありません。

●水の構造

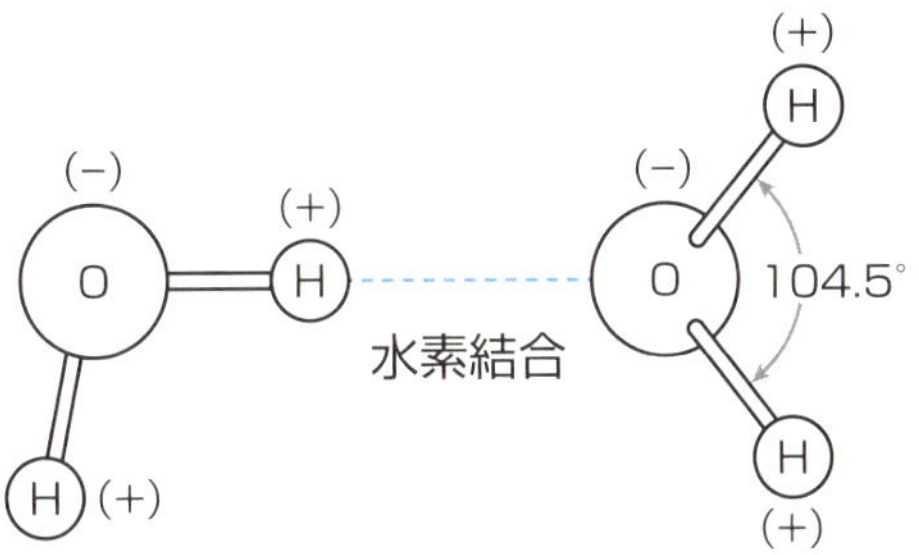

水のクラスター

このような性質の水分子が2個、互いに近づいたらどうなるでしょうか？　片方のHともう片方のOの間で、電荷の＋と－の間で静電引力が発生します。このような引力を水素結合と言います。つまり、2個の水分子は水素結合によって結合することになります。

結合するのは2個だけではありません。液体の水の中ではたくさんの水分子が水素結合によって結合し、集団を作っています。このような集団を一般に会合あるいはクラスターと呼びます。

水のクラスターの典型は氷です、氷は水分子が三次元に渡って規則正しく積み上がった結晶であり、全ての水分子が水素結合によって結合しています。

●氷の結晶構造

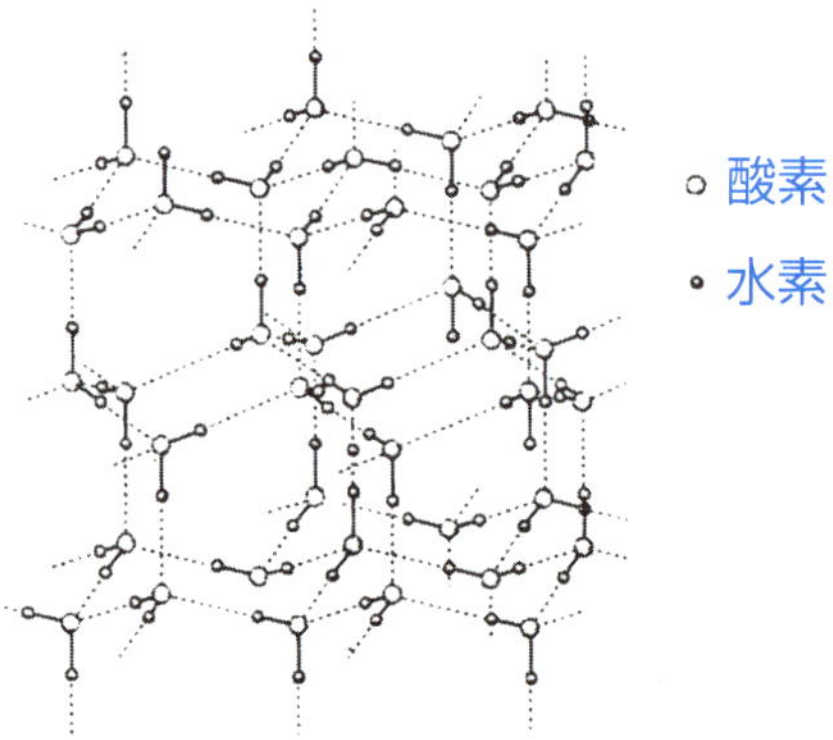

メタンハイドレートの構造

図はメタンハイドレートの構造です。大きな黒丸がメタン分子、小さな白丸が水分子の酸素です。つまり、メタンハイドレートは、水分子が水素結合で作ったケージの中にメタン分子が入っているのです。このように複数個の分子が作った高次構造体を一般に超分子と言います。人間など生物の体はもちろん、自然界にはこのような超分子の例がたくさんあります。

メタンハイドレートは、正五角形を単位構造としたケージの中にメタンが入った単位立体構造が互いに一辺を共有するようにして縮合しています。平均すると1個のメタン分子の周りにおよそ15個ほどの水分子が結合してい

●メタンハイドレートの分子構造

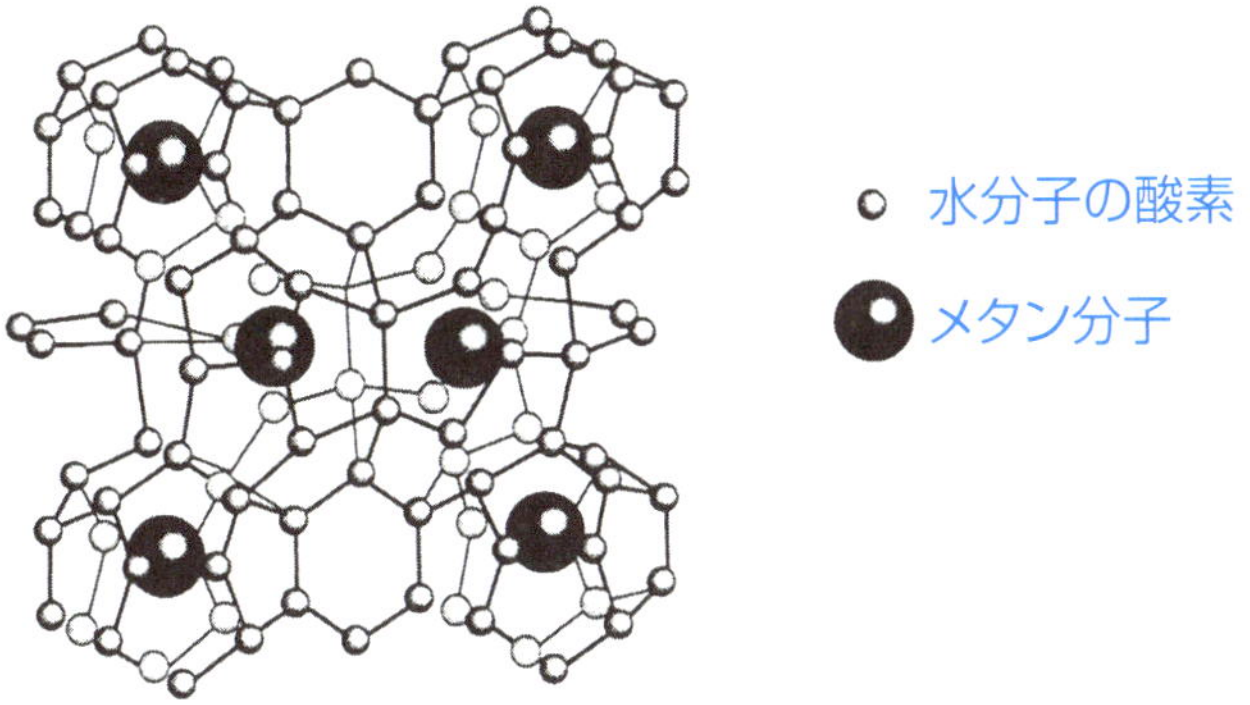

ることになります。つまりメタンハイドレートの構造は（CH_4＋15H_2O）のような物なのです。

メタンハイドレートの燃焼

このメタンハイドレートに火を近づけたらどうなるでしょうか？　ケージの中のメタンCH_4は酸素O_2と反応しますから燃えて熱を出し、二酸化炭素CO_2と水H_2Oになります（反応式①）。

それでは、ケージを作っている水はどうなるのでしょうか？　水は水素Hが酸素と結合してしまった物質です。これ以上酸素と結合することはありません。つまり、ケージの水分子は水分子のままです。ということは、メタンハイドレート（CH_4＋15H_2O）が燃えたら下図のようになるのです（反応式②）。

●反応式①

$$CH_4 + 2O_2 \longrightarrow CO_2 + 2H_2O$$

●反応式②

$$(CH_4 + 15H_2O) + 2O_2 \longrightarrow CO_2 + 17H_2O$$

冬、部屋の中でガスストーブや石油ストーブを焚くと窓ガラスに水滴が溜まり、結露が生じます。これは反応式①によって水蒸気として発生した水が窓ガラスで冷やされて液体となった現象です。たった2分子で、大変な結露が生じるのです。

メタンハイドレートをガスストーブで燃やしたらどうなるでしょうか？　17個の水分子、つまり天然ガスの8倍以上もの水が発生することになります。部屋中水浸しになってしまいます。ということで、メタンハイドレートをそのまま燃料として用いることは現実的ではありません。メタンハイドレートからメタンだけを取り出す必要があるのです。

メタンハイドレートの生成

自然現象は不思議なもので、幾何学的に規則正しく美しい構造が、考えられないほど簡単にできてしまうことがあります。氷の結晶は、そのようなものの一種です。

メタンハイドレートも同様に、適当な温度(低温)と圧力、後は原料のメタンと水があれば簡単にできてしまうのです。

メタンハイドレートが最初に発見されたのは、シベリアの天然ガスのパイプラインだったと言います。パイプラインが故障したので技術者が点検に行ったところ、パイプラインに亀裂が入りメタンガスが漏れていたと言います。ところが、その部分に大量の雪のような物が積もっていたので、何だろうと思って調べたのがメタンハイドレートの発見だったとの話があります。

このとおりだとしたら、メタンと水と低温があればメタンハイドレートは生成することになります。

メタンハイドレートの分布と採取

自然界においてのメタンハイドレートは、大陸棚の深さ100～1000mほどの部分に存在しています。つまり、日本は絶好の条件に恵まれているのです。

メタンハイドレートは海底に白い雪のように積もっていることもあれば、海底の泥と混じっていることもあるようですが、構造的には天然ガスと全く同じものです。

日本での天然ガスとしての可採年数は100年と言われています。資源に恵まれない日本にとってメタンハイドレートは、神様からの数少ないプレゼントの1つです。無駄にすることはできません。ということで日本では2013年から渥美半島沖などで試験的な採掘が行われています。

メタンハイドレートの採掘法には、いくつかの方法が考えられます。

❶メタンハイドレートをそのまますくい取って船上に運び、そこで分解する方法
❷海底で分解してメタンだけを回収する方法
❸適当な化学物質とメタンを置換する方法

❶の方法は固体を扱うことになるので、あまり現実的な方法とは言えないでしょう。❷は最も手っ取り早い方法ですが、もしかして平衡が崩れて大量のメタンハイドレートが一挙に噴出すると大事故に繋がる可能性もあります。メタンの地球温暖化係数は二酸化炭素の26倍もありますから、環境に及ぼす被害も甚大になります。

❸は実現出来たら最も穏やかで実用的な方法でしょう。コールベッドメタンの例で見たように、もし、メタンと二酸化炭素を置換することができたら二酸化炭素の消却と新燃料の獲得という一石二鳥の結果になります。

SECTION 15

天然ガス以外の気体燃料

いくつかの気体燃料を見てきましたが、その実態は全てがメタンCH_4でした。しかし、気体燃料には、メタン以外のものもあります。そのような例を見てみましょう。

プロパン

はじめにお断りしておきますが、プロパンは一般に言うプロパンガスのことではありません。ここで言うプロパンは分子式C_3H_8、構造式$CH_3-CH_2-CH_3$の炭化水素です。それに対して一般にプロパンガスと言うのは、プロパンとブタン$CH_3-CH_2-CH_2-CH_3$の混合物であり、石油ガスとも呼ばれるものです。

一般のプロパンガスの性質を理解するには、純粋なプロパンの性質を理解するのが早道です。

プロパンの燃焼熱

よくプロパンは発熱量が大きいと言います。一般に気体は分子の種類に関わらず、分子の個数が同じなら同じ体積になります。これを「1モルの気体は標準状態で22．4Lを占める」と表現します。高校で化学を取った方は聞いたことがあることでしょう。1モルというのはアボガドロ定数（6×10^{23}）個のことを言います。12個のことを1ダースというのと同じです。標準状態にはいろいろありますが、ここでは0℃1気圧のことを言います。

つまり、メタンでもプロパンでも、体積が同じなら同じ個数の分子が入っているのです。ところが、メタンはCH_4であり、1分子中に炭素が1個、水素が4個入っています。ところがプロパンC_3H_8では炭素が3個、水素が8個も入っています。原子数で比べればメタンの2・2倍です。

簡単に言えば、燃焼熱はこれらの原子が燃えることによって発生します。ということで、プロパンの燃焼熱は同じ体積のメタンの2・2倍程度あっても不思議ではないと言うことになります。実際に測定すると$1m^3$の気体を燃焼して発生する熱量は都市ガス(メタン)9600kcal、プロパン24000kcal、ブタン31000kcalと、プロパンは2・5倍になっています。プロパンの方が発熱量は大きいのです。

このため、中華料理店など大火力を使う店ではプロパンを使うようです。しかし、一般家庭で使うガス器具では、ガスの出る孔の直径を操作して、単位燃焼時間の発熱量は都市ガスもプロパンも同じになるようにしてあります。ということは、都市ガス仕様のガス器具でプロパンを使うとガスが出過ぎて高温になり、危険ということです。注意が必要です。

プロパンの重さ

気体に重さがあることは先に二酸化炭素の重さを計算した通りです。プロパンの重さを計算してみましょう。先に原子量はH＝1、C＝12、N＝14、O＝16であることを見ました。これを使ってプロパンの分子量(相対的な重さ)を計算すると12x3+1x8＝44となります。これは二酸化炭素の分子量と同じです。ということがわかっても多分、何の役にも立ちません。

空気の分子量を計算してみましょう。空気は窒素N_2と酸素O_2の4対1の混合物です。したがって空気の平均分子量は$(14 \times 2 \times 4+16 \times 2)/5=22.8$となります。つまり、プロパンは空気より相対的に重いのです。ということは、空気中にプロパンが出ると、プロパンは空気より下に溜まるということになります。

もし、キャンプでプロパンボンベを使い、寝相の悪い人がボンベを蹴ってプロパンが漏れたとすると、それは部屋の下部から溜まっていきます。朝に気付いて、窓を開けてガスを外に出した気になっていたとしても、窓の下には溜まったままです。片付いたなどと言ってタバコに火を着けたらドッカーンと爆発します。プロパンを外に出すにはドアを開けて、ほうきなどで掃き出さなければなりません。

ちなみに、メタンの分子量は16で空気より軽いです。ガスレンジから漏れた都市ガスは天井から溜まっていきます。気体の重さは重要な意味があります。気を付けましょう。

ブタン

ブタン$CH_3-CH_2-CH_2-CH_3$は、室温では気体ですが圧力をかけると簡単に液体になります。

身の周りでブタンを使っているのは、ガスライターです。百均のガスライターの透明ボディーの中には液体が入っていますが、これが液化ブタンです。ブタンの発熱量はプロパンよりさらに大きいです。

ブタンを吸引すると酩酊状態になり、多幸感が味わえると言うことで、一部の若者の間でアンパンとか言う名前で、ブタンをビニール袋に入れて吸う遊びがあると言うことです。これはかつて社会問題となったシンナー遊びと同じで非常に危険です。脳を委縮させ、肝臓をボロボロにし、廃人の道を歩むことになります。

石油ガス

石油ガス(petroleum gas)は人工の混合気体であり、その成分はプロパンとブタンです。しかし、混合比は一定しておらず、家庭用のものはプロパンが多く、工業用のものはブタンが多くなっています。これはブタンの方が、発熱量が多いことによります。街で見かけるタンクローリーにLPG(liquefied petroleum gas)と書いてあるものがありますが、あれは液化石油ガスのことを言います。

一般家庭用の石油ガスは、プロパンガスと呼ばれ、ボンベに詰めてキャンプ用にしたり、自治体によっては都市ガスとして用いているところもあります。また、まとめて購入すると都市ガスより安価になることがあり、マンション1棟が全戸プロパンガスを使っているところもあります。

アセチレン

アセチレンガスは、分子式C_2H_2、構造式$H-C\equiv C-H$で三重結合を持っています。カーバイド（炭化カルシウム）CaC_2と呼ばれる灰色の脆いモルタルのような物体を水に入れると、簡単にアセチレンが発生します。

そのため、アセチレンランプとして照明や釣りの誘漁灯に使ったりします。しかしアセチレンの一番の使い道は鉄板などの溶接で

●アセチレンの発生

$$CaC_2 + H_2O \longrightarrow CaO + C_2H_2$$

す。アセチレンガスと酸素ガスの混合気体に火を着けたものは酸素アセチレン炎と呼ばれ、3000℃以上の高温になり、鉄などの金属を簡単に融かしてしまいます。

使用法（作成法）は至って簡単で専用の手持ちバーナーにアセチレンボンベと酸素ボンベを繋ぐだけです。そのため建設現場で手軽に使え、鉄筋コンクリートの鉄筋溶接などに欠かせないものとなっています。

●アセチレンガスバーナー

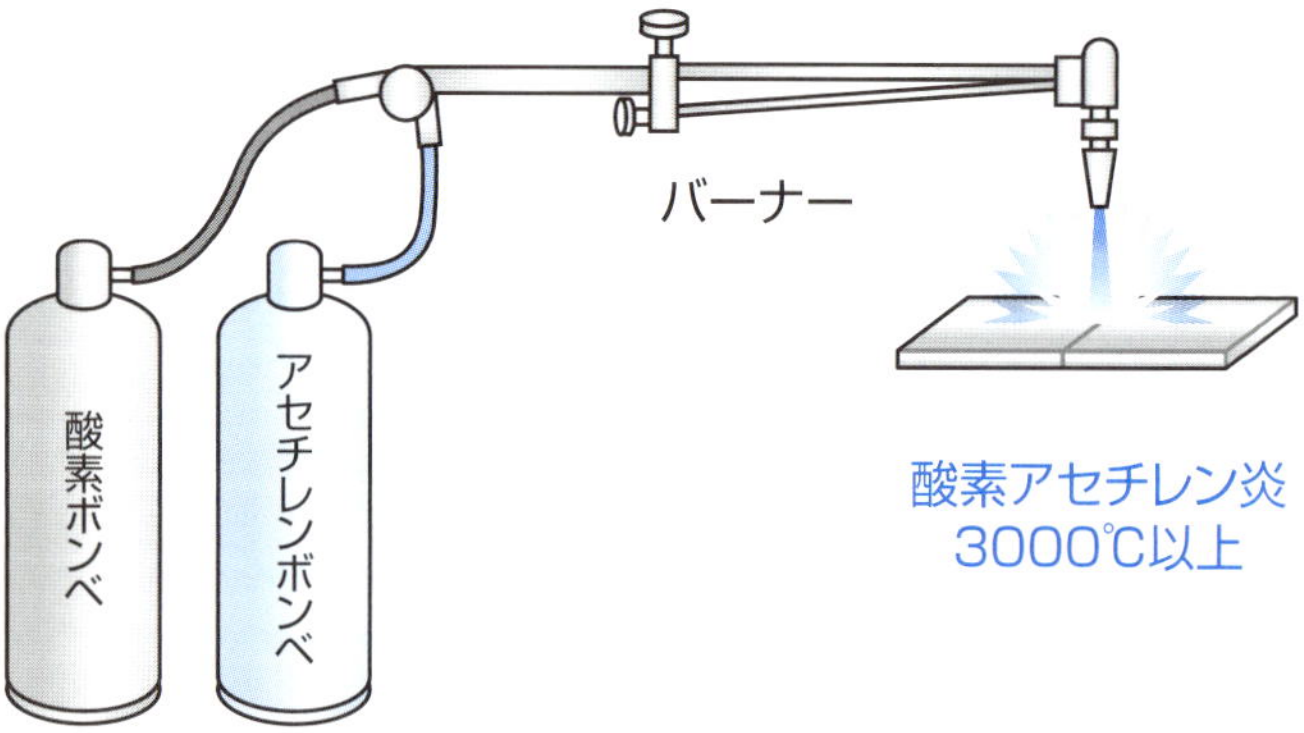

SECTION 16

オイルシェール・オイルサンド

石油は化石燃料の主力として現代社会のエネルギー源として欠かせないものです。特に内燃機関の多くは、ガソリンや重油などの石油類を燃料としており、その石油が近い将来、枯渇するかもしれないということは重大な社会問題です。しかし、天然ガスにシェールガスやメタンハイドレートなど新しい資源が見つかっているように、石油にもいくつかの新しい資源が見つかっています。

オイルシェール

オイルシェールの「シェール」は、シェールガスの場合と同様に頁岩《けつがん》です。すなわち、堆積岩である頁岩に吸着されたオイルと言う意味であり、日本語では油母頁岩《ゆぼけつがん》と呼ばれます。

オイルシェールの存在

オイルシェールの頁岩（シェール）はシェールガスの頁岩とは異なり、地下とは言うものの浅い所にあるので場合によっては露天掘りも可能です。

オイルシェールの石油換算確認埋蔵量は、現在確認されているものだけで約3兆バーレルという膨大なものであり、原油の確認埋蔵量（1・3兆バーレル）の2倍以上もあると言われます。

化学操作

オイルシェール（油母頁岩）の問題は、オ

●オイルシェールの層

イルが「石油」ではなく、「油母」であるということです。すなわち、石油の有機起源説に従えば、微生物が熱分解されて石油になるのですが、その途中に生じる中間体が油母と言われる物質なのです。

したがって油母は採掘して、すぐに石油として使えるものではなく、その前に加熱分解などの化学操作が必要になります。

採掘法

採掘法としては頁岩層に向けて坑道を掘り、その場で400～500℃に加熱して油母を分解します。この方法によって気体成分（シェールガス）と石油相当の液体成分の両方を同時に採取することができます。

しかし、シェールガスの場合と同じように費用に関する政治、経済的な問題、さらには環境問題など解決しなければならない問題も多く、本格的に実用化するには、まだ時間が必要なようです。

オイルサンド

オイルサンドの「サンド」は、頁岩と同様の砂岩のことを言います。しかし「オイル」は、オイルシェールのオイルと同様、ここでも、ただの石油ではありません。それでは、オイルシェールと同じ油母かといえば、それとも違います。

オイルサンドのオイルは、石油原油のうち、揮発成分が揮発してしまった残り分なのです。したがって普通の石油製品でいえば、ガソリンや灯油が蒸発してしまった後に残る重油やピッチに相当します。すなわち、オイルサンドは元々、原油の染みこんだ砂岩だったのです。しかし、長い年月の間に沸点の低いガソリン、灯油、軽油などに相当する部分が揮発して無くなり、最後の高沸点部分だけが残ったものなのです。

オイルサンドの埋蔵量は、2兆バーレルと言いますから、原油の埋蔵量をはるかに超えます。しかし、ここでも問題は、オイルサンドからオイルを回収するためには加熱分解などの化学操作が必要と言うことです。

結局は、コストという経済、政治の問題と環境問題という化学の問題になるのです。実験的な採取は、すでに行われていますが本格的な採取までに至っていません。

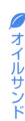

Chapter. 4
電気エネルギー

SECTION 17

電気エネルギーとは

現代社会は、電気無しでは成立しません。夜の街や室内を照らすのも電車を走らせるのも工場でモーターを回すのも、みんな電気のおかげです。現代社会に欠かせない情報交換やその記憶なども全ては電気を利用しています。

電気の歴史

熱エネルギーや光エネルギーなど、エネルギーには多くの種類がありますが、現代社会で最も使いがっての良いエネルギーは電気エネルギーでしょう。

人類が電気というもの（現象）に最初に気付いたのがいつ頃なのかは、わかりませんが、イギリスの科学者フランクリンが１７５２年に行ったライデン瓶を用いた実験の頃には、雷が静電気によるものであることには気づいたのでしょう。そして、１８００

年には、イタリアの科学者ボルタが電池を発明し、同じ年にニコルソンとカーライルが水の電気分解を行っています。

しかし、一般生活に電気が入るのはかなり遅れ、イギリスの科学者ジョゼフ・スワンが白熱電球で特許を取ったのは1878年で、エジソンが改良した白熱電球で特許を取ったのは翌年になります。それから150年ほどの間における電気の活躍範囲の拡大は眼を見張るものがあります。

電気とは

電気は日常的なものであり、電気が何かなどと考えたことは無いのではないでしょうか？　改めて電気とは何かなどと聞かれたら返答に困るのではないでしょうか。答えは簡単明瞭で、電気とは「電子の流れ」であると言うことです。

言うまでもなく世の中の全ての物質が原子でできています。そして、原子は中心にある小さな原子核という粒子と、その周りに雲のように佇む電子という原子核よりさらに小さい粒子からできています。そして、原子核は＋（プラス）に荷電し、電子は－（マイナス）に荷電しています。

　この電子が移動するのが電流なのです。電子がA地点からB地点に移動した時、電流は反対にBからAに流れたと定義されているのです。電子の移動方向と電流の方向が逆になっているのは電子の電荷が－（マイナス）のせいであろうと言われますが、はっきりしないようです。

伝導性

　物質には電気を流しやすい良導体と流し難い絶縁体、その中間の半導体があります。

　良導体の典型は金属です。金属は金属原子の集合体ですが、金属原子は固体に集合するときに、自分の電子のうちの何個かを、全体のために供出します。この

●伝導度（logδ）

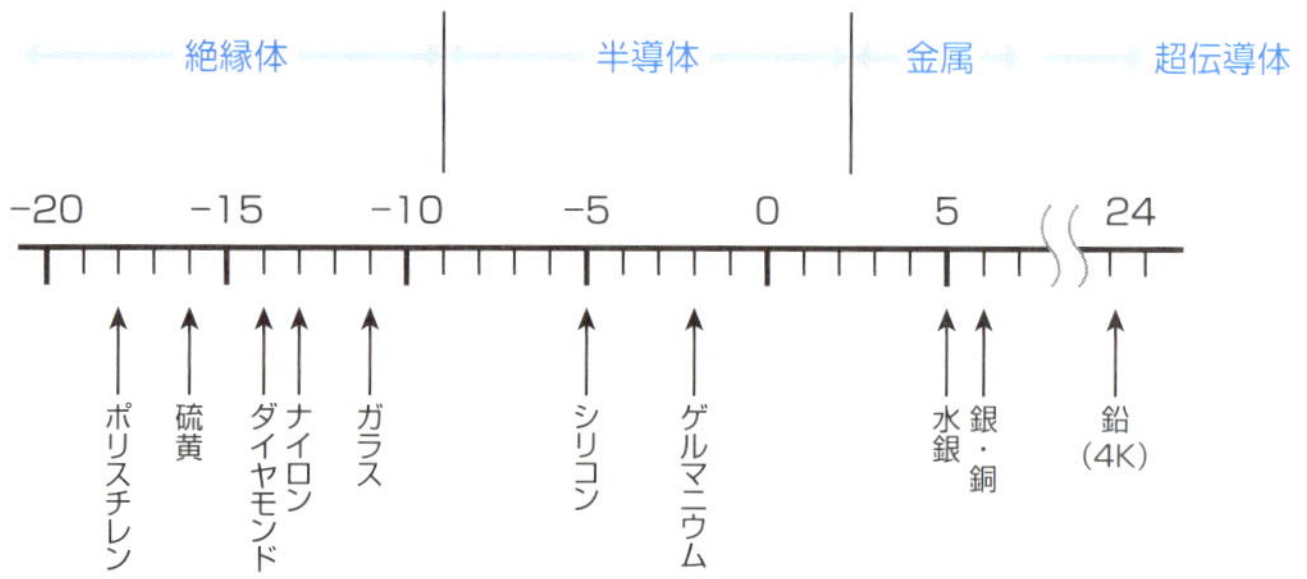

供出された電子を自由電子と言います。自由電子は、どの原子に属すると言うことは無くなり、自由に放浪の旅にでます。

一方、−（マイナス）の電子を供出した結果、+（プラス）に荷電した金属原子（イオン）は集まりますが、その隙間に自由電子が入り込むのです。この結果、−（マイナス）の電子が糊のように働いて+（プラス）の金属イオンを結合します。これが金属結合と言われる化学結合のエッセンスです。

つまり、金属の中には放浪癖のある自由電子がたくさんあるのです。この自由電子が移動すれば、すなわち電流が流れたことになります。そのため金属は伝導性があるのです。

超伝導

自由電子が移動するには、大きな金属イオンの脇をすり抜けるようにして移動しなければなりません。金属イオンがジッ

●温度変化による伝導度

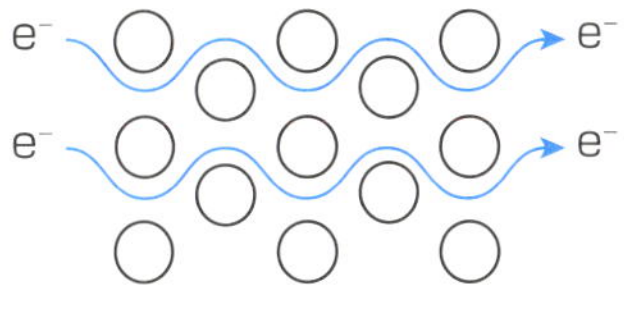

低温（伝導度が高い）

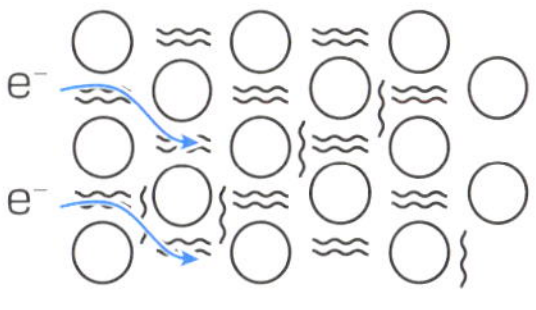

高温（伝導度が低い）

としていれば通りやすいのですが、イオンが手を出したり足を出したりはしないまでも、振動などされると電子は動きにくくなって伝導度が落ちます。金属イオンの振動は温度とともに激しくなります。

つまり、金属の伝導度は、温度低下と共に上昇するのです。逆に言えば抵抗は温度とともに低下します。温度を低下させて抵抗を計ると、ある温度までは曲線を描いて低下しますが、絶対0度(マイナス273℃)に近くなると突如、抵抗値＝0、伝導度＝∞(無限大)になります。この状態を超伝導状態、この温度を臨界温度と言います。

超伝導状態では抵抗がありませんから、コイルに発熱無しに大電流を流すことができます。つまり、超強力な電磁石を作ることができます。この磁石を超伝導磁石と言い、脳の断層写真を撮るMRIやリニア新幹線で車体を浮かせることなどに利用されています。

●超伝導状態

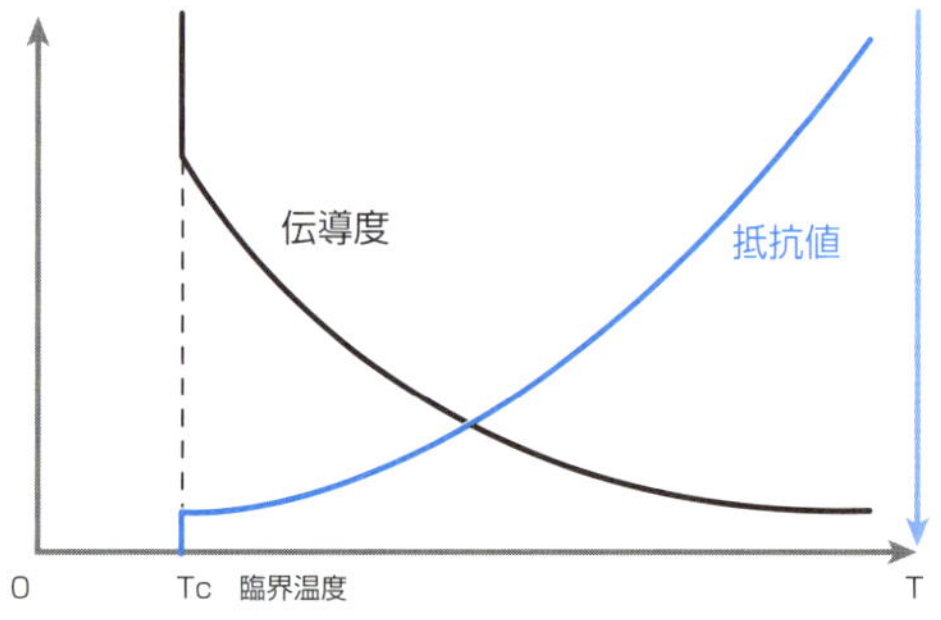

電力

世の中には、長さや重さなどいろいろの量があります。量の中には、0から始まって任意の量を計り取ることができる連続量と10円玉でお金を払う時のように、ある単位量(10円)の何倍かという量しか計り取れない不連続量があります。科学ではこのような量は量子化されていると言います。

電気の量もそのようなものです。電気の量には最小単位があります。それが電子の持つ電気量であり、1.602×10^{-19}クーロンと測定されています。そこで、ある電流を1秒間に流し、1クーロンの電気量になったとき、その電流を1A(アンペア)の電流と言います。

電流を流す力を電位、あるいは電圧と言い記号Vで表します。電流と電圧の積を電力と言い、記号Wで表します。つまり、電力は電気が行う仕事の量を表すことになります。

●電力

$$W = A \times V$$

SECTION 18

化学電池

電気は発電機や電池によって得ることができます。発電によるものは、後に見ることにして、ここでは電池による発電を見てみましょう。

電池

私たちの生活は電池によって支えられています。多くの腕時計は電池によって動き、電池無しの携帯電話など考えられません。震災に備えて用意する懐中電灯にも電池が入っています。

電池と言って思い出すのは単一、単三などの乾電池ですが、乾電池にもマンガン電池やアルカリ電池があります。電気カミソリに入っているのは、ニッカド電池のものが多く、パソコンなどには、リチウム電池が多いようです。

電池の種類はたくさんありますが、ここで挙げた電池の全ては、化学反応をそのエネルギー源とするため、化学電池と呼ばれます。ここで、化学電池の原理を見てみましょう。そのためには酸化・還元反応を理解することが基本になります。

酸化・還元

化学反応において酸化・還元は非常に基本的な反応であり、多くの反応は酸化反応あるいは還元反応のどちらかに分類することができるほどです。一般にある原子Aが酸化されると言うことは、Aが酸素と結合して酸化物AOになることを言います。反対にAOが還元されると言うことはAOが酸素を失ってAになることを言います。

原子には電子を引きつけて－の電荷を持ちやすいものと、反対に電子を放出して＋の電荷を持ちやすいものがあります。原子が電子を引きつける力の程度を電気陰性度という指標で表します。酸素は全原子中、ほとんど最大の電気陰性度を持っています。ということは、Aが酸素と結合することはAが電子を酸素に奪われる、つまり電子を失うことを意味します。すなわち、酸化されると言うのは電子を失うことなのです。

それに対してＡＯがＡになる反応を見てみましょう。ＡＯにおいてＡは電子を酸素に奪われて酸素不足の状態にいます。ところがＯが離れてＡになれば、Ａは元の電子状態になります。つまり電子が増えているのです。要するに、この反応では、ＡはＡＯの状態に比べて電子を貰っているのです。すなわち、還元されると言うことは電子を貰うことを意味するのです。

金属の溶解

意外に思われるかもしれませんが、電池の原理は金属が酸に溶けると言う事実を基本に成り立っています。

希硫酸（硫酸水溶液H_2SO_4）に、金属の一種である灰色の亜鉛（Zn）板を入れると発熱し、発泡します。そのまま放置すると、亜鉛板は溶けて無くなります。ここではどのような反応が起きているので

●希硫酸と亜鉛の反応

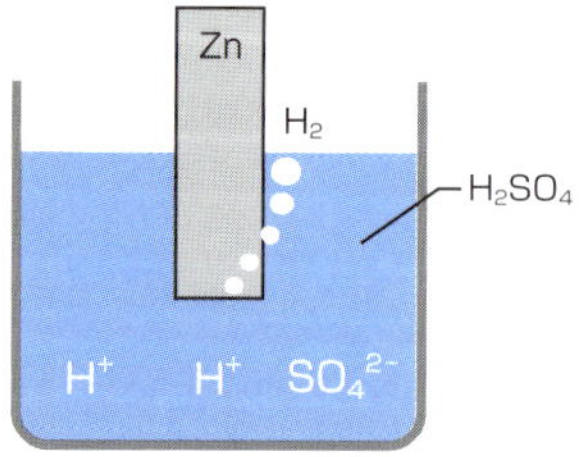

$$Zn \longrightarrow Zn^{2+} + 2e^- \quad ①$$

$$2H^+ + 2e^- \longrightarrow H_2 \quad ②$$

しょうか?

亜鉛板は、希硫酸に溶けて亜鉛イオンZn^{2+}と電子e^-になったのです（Znが酸化された：反応①）。それと同時に硫酸のH^+がe^-を受け取り、水素ガスH_2として発生したのです（H^+が還元された：反応②）。そして、この際の反応熱によって発熱したのです。

イオン化傾向

次に、硫酸銅（$CuSO_4$）水溶液の青い溶液に亜鉛板を入れてみましょう。亜鉛板は徐々に溶けてきますが気体の発生は見られません。その代わり、溶液の青い色が徐々に薄くなり、亜鉛板の表面が赤くなってきます。これはどのような変化なのでしょうか?

Znが溶けたのはZnがZn^{2+}になったからです（反応③）。すなわちZnは酸化されたのです。この際発生した電子e^-を受け取るものは、前の例では硫酸

●硫酸銅と亜鉛の反応

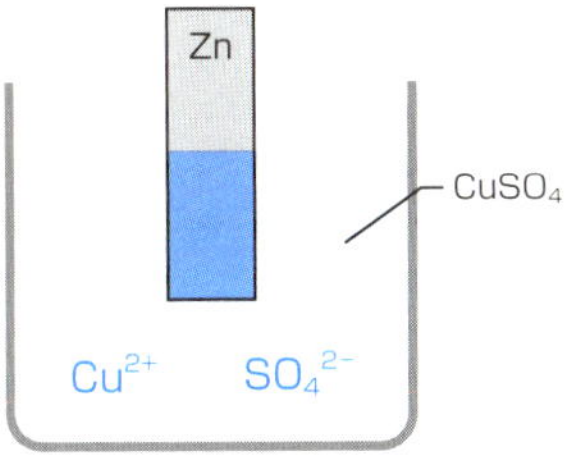

$Zn \longrightarrow Zn^{1+} + 2e^-$ ③

$Cu^{2+} + 2e^- \longrightarrow Cu$ ④

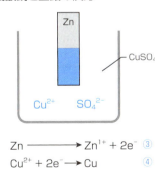

のH^+でしたが、今回は溶液中にH^+は存在しません。あるのは硫酸銅から来た銅イオンCu^{2+}と亜鉛から発生したZn^{2+}だけです。

溶液の青い色が薄くなったというのは銅イオンCu^{2+}（青色）が少なくなったことを意味します。したがってZn^{2+}とCu^{2+}が電子を取り合った結果、Cu^{2+}が勝って金属銅Cuとなったことになります（反応④）。このようにして生じた金属銅（赤色）が亜鉛板に付着した結果、亜鉛板の表面が赤くなったのです。

この結果は、CuとZnを比較してイオンになりやすいのはZnの方であることを示すことになります。一方、硫酸銅水溶液に銀板（Ag）を入れても変化は起きません。これはCuとAgを比較するとイオンになりやすいのはCuであるか、あるいは両者の間に差が無いことを意味します。

このような反応をいろいろな金属に対して行うと、イオンになりやすさの順位を決めることができます。このように、金属が陽イオンになる傾向をイオン化傾向と言い、それを順序付けて並べたものをイオン化列といいます。

●イオン化列

K>Ca>Na>Mg>Al>Zn>Fe>Ni>Sn>Pb>H>Cu>Hg>Ag>Pt>Au

イオン化しやすい → イオン化しにくい

ボルタ電池

希硫酸水溶液にZn板とCu板を入れてみましょう。溶けるのはイオン化傾向の大きいZnです。この結果、Zn板上には電子が溜まります。ここでZnとCuを導線で結ぶと電子はZnからCuに移動します。移動した電子を受け取るのはH^+です。

この結果、ZnからCuに電子が移動し続ける結果になります。ところで先に見たように電子の移動は電流です。この結果はCuからZnに電流が流れたことを意味します。したがって、途中に電球をつなげば点灯することになり、この装置が電池であることがわかります。この場合、電子を発生したZnを負極、電子を受けとったCuを正極と呼ぶ約束になっています。この電池の起電力は1.1Vでした。

この電池は、人類初(1800年)の電池であり、発明者のイタリア人科学者ボルタの名前をとってボルタ電池と呼ばれました。化学電池の基本モデルとして有名です。

●ボルタ電池

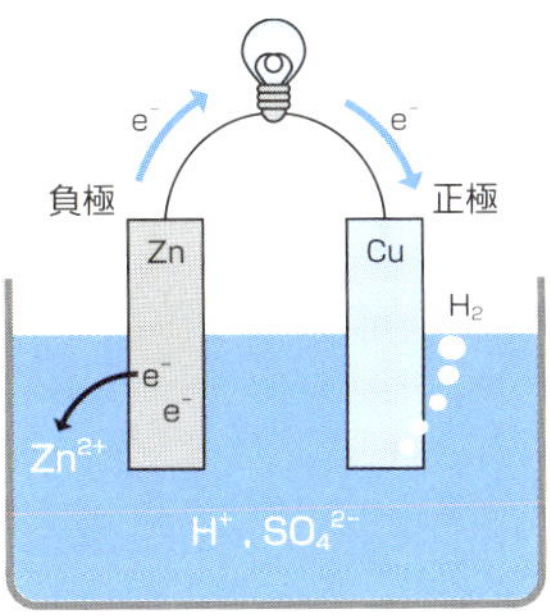

負極 (Zn)$Zn \longrightarrow Zn^{2+} + 2e^-$
正極 (Cu)$Cu^{2+} + 2e^- \rightarrow Cu$

乾電池

乾電池の仕組みは、基本的にボルタ電池と同様です。ただし〝乾〟電池と言われるように液体を用いていません。ボルタ電池の液体は電解液と言われ、電子を移動させることのできる溶液です。ということは、電子を移動させることさえできれば液体である必要はないのです。

乾電池は、このような視点から日本人の屋井先蔵が江戸時代末期(文久3年、1864年)に発明しました。ただし、特許などの関係から世

●乾電池の構造

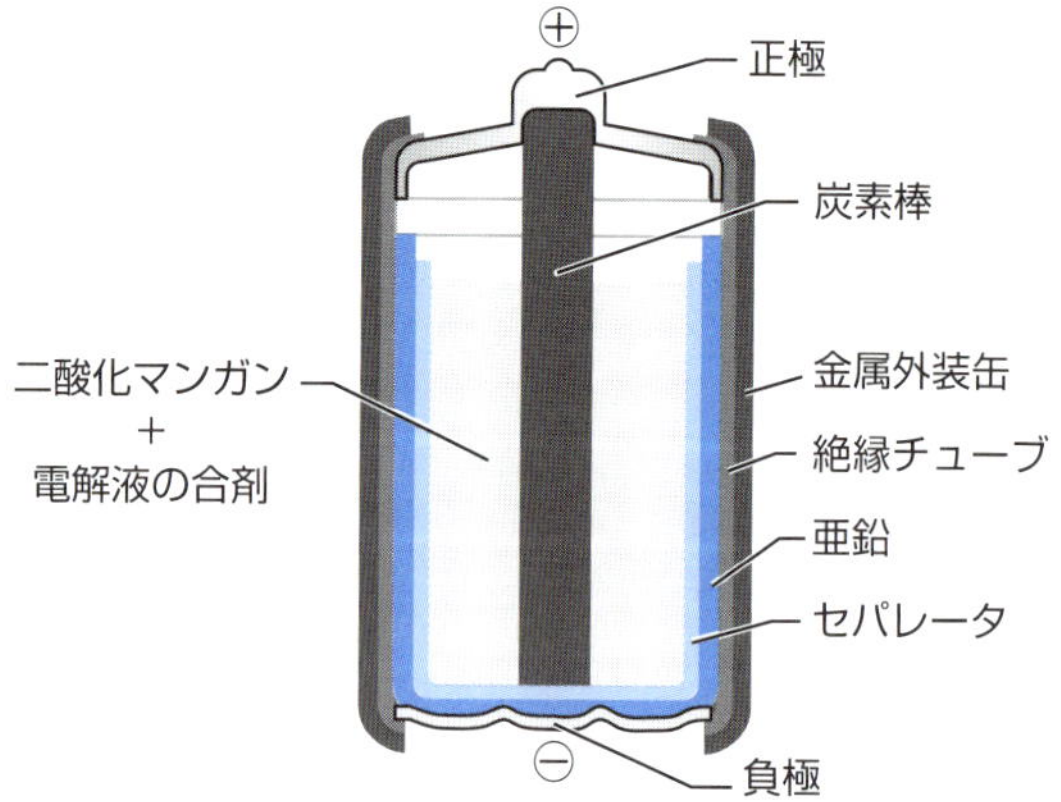

負極　$Zn \longrightarrow Zn^{2+} + 2e^-$　⑤

正極　$MnO_2 + NH_4^+ + e^-$

$\longrightarrow MnO(OH) + NH_3$　⑥

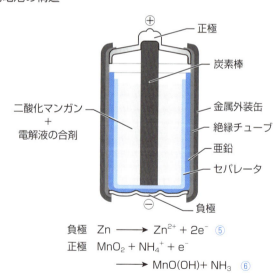

界的には、デンマークのヘレセンが1888年に発明したものとなっています。

基本的な乾電池であるマンガン乾電池の構造は、図のようなものであり、負極（－）に亜鉛、正極（＋）に二酸化マンガンMnO_2を用いています。化学反応は図に示したように負極では、Znが電子を放出してZn^{2+}となります（反応⑤）。一方、正極では、その電子を$MnO_2(Mn^{4+})$が受け取って還元されて$MnO(OH)(Mn^{3+})$となります（反応⑥）。

電解質は、二酸化マンガンの粉末と電解液の塩化アンモニウムNH_4Cl水溶液あるいは塩化亜鉛$ZnCl_2$水溶液を練り合わせてペースト状にしたものが用いられています。起電力は1.5Vです。

最近よく用いられているアルカリマンガン乾電池は、電解質にアルカリ性の水酸化ナトリウム$NaOH$水溶液を用いて、出力を大きくしたものです。起電力はマンガン電池同様1.5Vです。

一般に大出力を要する場合にはアルカリ乾電池、小出力を小出しに使う場合には普通のマンガン電池が良いとされているようです。

SECTION 19

二次電池

従来、家庭用の電池と言えば、乾電池が用いられていました。乾電池のように一回きりの使い捨て電池を一般に一次電池と言います。それに対して、自動車のバッテリー（鉛蓄電池）のように、充電することによって何回でも繰り返し使うことのできる電池を二次電池と言います。

最近はニッケルとカドミウムを用いたニッカド電池、リチウムを用いたリチウムイオン電池など、優れた性能の二次電池が開発され、家庭用の電池も二次電池に置き換わりつつあるようです。

鉛蓄電池

二次電池の典型は、鉛Pbを電極材料に使った鉛蓄電池でしょう。鉛蓄電池の発明は

1859年ですが、以来150年にわたって現役であり続け、今も自動車に無くてはならないという驚異的な電池です。鉛蓄電池の構造は次のようなものであり、負極に鉛Pb、正極に酸化鉛PbO_2が用いられています。

電池として働く放電に際しては、Pbがイオン化して鉛イオンPb^{2+}となって2個の電子を放出します。その結果、負極にはPb^{2+}と硫酸イオンSO_4^{2-}が反応して不溶性の硫酸鉛$PbSO_4$が生成します(反応①)。この電子は正極に移動した後、PbO_2の鉛4価イオンPb^{4+}を還元して2価イオンのPb^{2+}とし、結果として、ここでも硫酸鉛$PbSO_4$が生成します(反応②)。

充電の際には、上の反応と逆の反応が進行します。すなわち、負極では$PbSO_4$のPb^{2+}が還元され

●鉛蓄電池

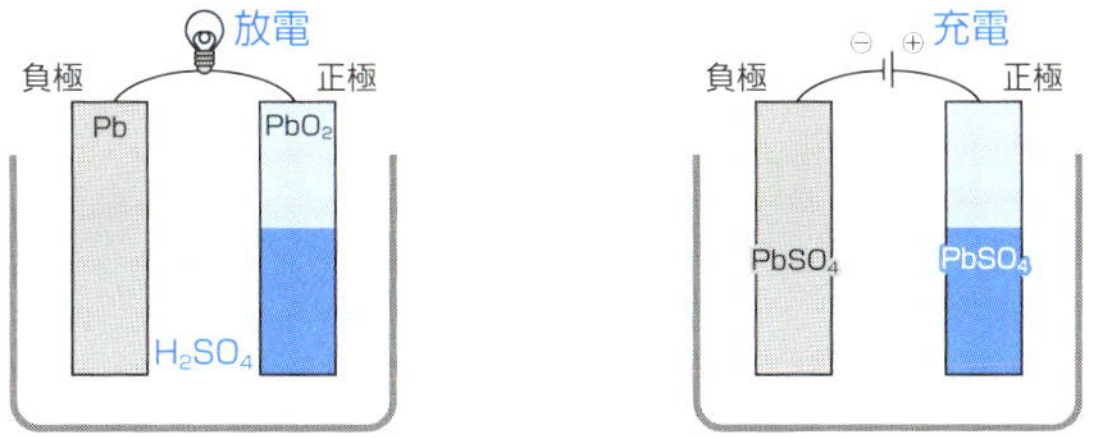

負極　$Pb + SO_4^{2-} \longrightarrow PbSO_4 + 2e^-$　①

正極　$PbO_2 + 2e^- + SO_4^{2-} + 4H^+ \longrightarrow PbSO_4 + 2H_2O$　②

負極　$PbSO_4 + 2e^- \longrightarrow Pb + SO_4^{2-}$　③

正極　$PbSO_4 + 2H_2O \longrightarrow PbO_2 + 2e^- + SO_4^{2-} + 4H^+$　④

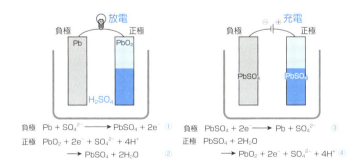

てPbに戻り（反応③）、正極ではPb^{2+}が電子を放出してPb^{4+}に酸化されて、電池は初期状態に戻ります（反応④）。鉛蓄電池が容易に充電されるのは、放電によって生じた硫酸鉛$PbSO_4$が不溶性であり、それぞれの電極に付着したままであるということが大きな要因となっているものと思われます。鉛蓄電池は、安価で使い勝手の良い蓄電池ですが、重量が大きいこと、鉛が有害重金属であることなどから、見直しをはかる動きもある様です。近い将来、リチウムイオン電池など、他の蓄電池に置き換わることでしょう。

その他の二次電池

最近よく使われる二次電池にニッカド電池とリチウムイオン電池があります。

❶ニッカド電池

ニッカド電池は、負極としてカドミウムCd、正極としてオキシ酸化ニッケルNiO(OH)を用いたものであり、電解液にはアルカリ水溶液が用いられます。

放電の際には、負極のCdが電子を放出してCd^{2+}となります（反応⑤）。一方、正極では$NiO(OH)$の3価イオンNi^{3+}が電子を受け取って還元されて2価の$Ni(OH)_2$となります（反応⑥）。充電では、鉛蓄電池で見たのと同様に、この逆の反応が進行することになります。

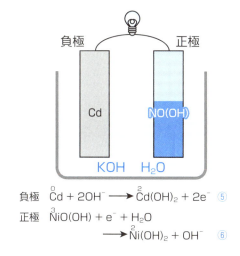

ニッカド電池では、放電が完了しないうちに充電すると放電容量が小さくなるという、メモリー効果があることが欠点とされています。また、カドミウムは公害のイタイイタイ病の原因物質として知られている金属であり、その意味でも使いにくい面はあります。

●ニッカド電池

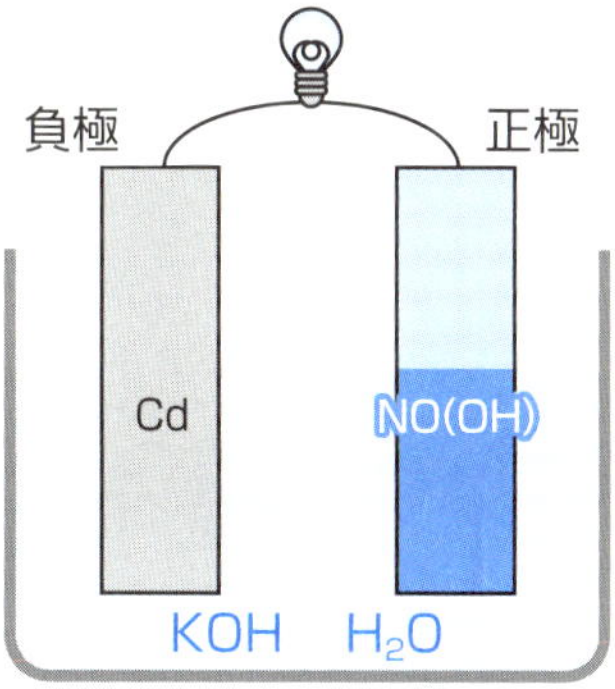

負極　$\overset{0}{Cd} + 2OH^- \longrightarrow \overset{2}{Cd}(OH)_2 + 2e^-$　⑤

正極　$\overset{3}{Ni}O(OH) + e^- + H_2O \longrightarrow \overset{2}{Ni}(OH)_2 + OH^-$　⑥

❷リチウムイオン電池

電池の多くは、異なる種類の金属電極からできています。しかし、鉛蓄電池では、両極とも同じ鉛Pbでできています。

リチウムイオン電池も両極とも同じ金属リチウムLiでできています。すなわち、負極では、リチウム金属Liが黒鉛(グラファイト)に吸着されており、正極では、リチウムイオンLi^+がコバルト酸リチウム$LiCoO_2$に吸着されています。

放電の際には負極のLiが電子を放出してLi^+となって電子を放出し(反応⑦)、正極のLi^+がその電子を受け取ってLiとなります(反応⑧)。もちろん充電の際には逆反応がおきます。このようにリチウムイオン電池では、Li^+が負極と正極の間を往復するだけなのでロッキングチェア型電池とも言われます。

リチウムイオン電池、あるいは、一次電池のリチウム電池は、いずれも優れた電池なのですが、リチウムがレアメタルであり、日本では産出されず、今後価格の高騰が見込まれることが問題とされています。

●リチウムイオン電池

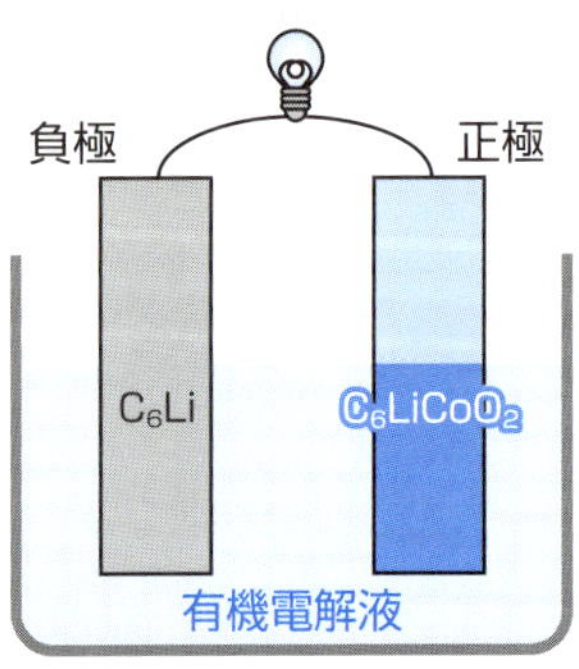

負極　$Li \longrightarrow Li^+ + e^-$　⑦

正極　$Li^+ + e^- \longrightarrow Li$　⑧

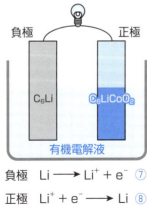

SECTION 20

燃料電池

燃料電池は、燃料を燃焼（酸化）することによって発生する燃焼エネルギー（反応エネルギー）を電気エネルギーに変える装置です。燃料としては燃焼する（酸化される）ものであれば何でもよいのですが、実際に研究されているのは、ほとんどが水素ガスH_2を燃料とするものです。そのため、現在では燃料電池と水素燃料電池とは、ほとんど同義語のように扱われています。

現代の寵児のように言われる燃料電池とはどのようなもので、どのような問題点があるのでしょうか。

水素燃料電池の構造と原理

水素燃料電池は、水素を燃料として燃焼し、そのエネルギーを電気エネルギーに変える装置です。補給された燃料に見合うだけの電力を生産し、燃料が無くなれば発電を止めます。これは水素を燃料とする火力発電所と同じことです。つまり、燃料電池は電池と言うより、小型の携帯型発電所と言った方がふさわしい装置でしょう。

図は典型的な燃料電池の概念図です。電解質溶液の中に正負の電極が挿入され、それぞれに水素ガスH_2(負極)、酸素ガスO_2(正極)が供給される仕組みなっています。各電極には触媒として白金(プラチナ)Ptがコーティングされています。

水素燃料電池の反応は、まず負極で水素ガスが触媒の力を借りて水素イオンH^+と電子e^-に分解します。電子は外部回路(導線)を通って正極に移動し、これで電流が流れたことに

●水素燃料電池

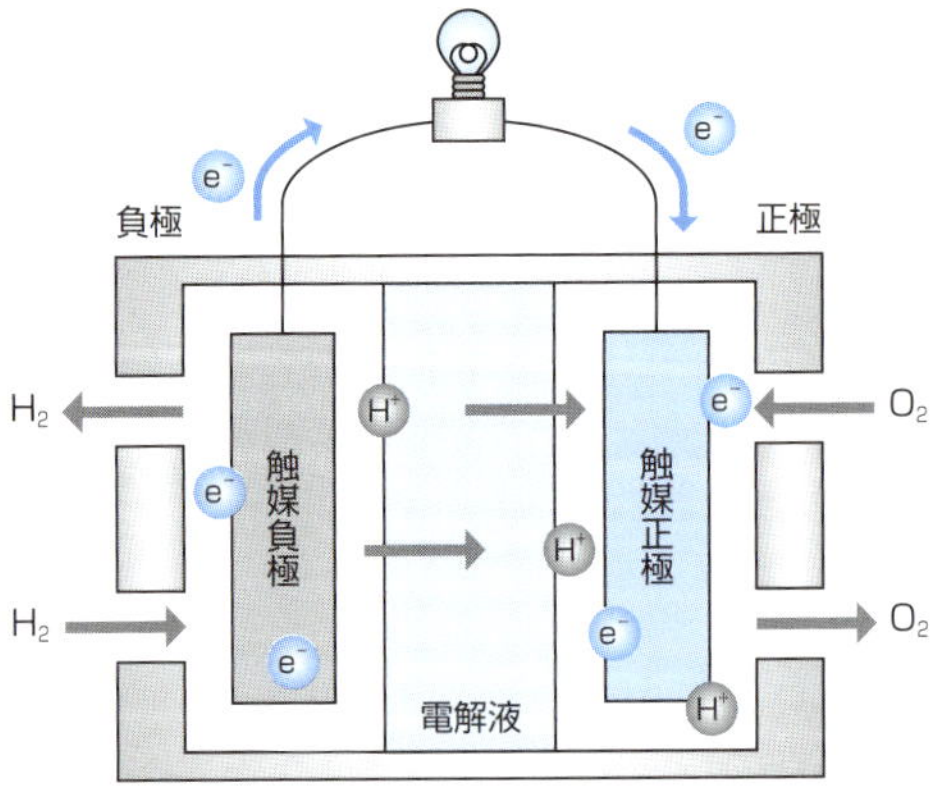

負極　$H_2 \longrightarrow 2H^+ + 2e^-$

正極　$2H^+ + 2e^- + \frac{1}{2}O_2 \longrightarrow H_2O$

なります。一方、H^+は電解液中を移動して正極に達します。ここで、H^+とe^-とO_2は一緒になって水H_2Oとなってエネルギーを生産するのです。この反応は、結果的に水素が燃料として働いて酸素と反応(燃焼)したことを意味します。そのため、この電池を燃料電池と言うのです。

この電池の重要な点は、燃焼廃棄物が水だけであるということです。この水には何の有毒物質も混入せず、そのまま飲料水にできることは、宇宙飛行士による人体実験で証明済みです。

水素燃料電池の問題点

水素燃料電池は、このように優れたものですが、問題点が無い訳でもありません。

❶ 燃料の確保

水素燃料電池に水素と酸素は欠かせません。酸素は空気中に、ほぼ無尽蔵にあるので問題はありません。しかし、水素はそうはいきません。水素は石油、石炭や天然ガスのように、自然界のどこかに存在するという気体ではなく、水素ガスは、人類が自前で作らなければならないのです。

水素の原料としては、メタノールや石油の分解など各種の方法があります。しかし、このような分解には電力などのエネルギーが必要であり、電力を生産するためには副産物として二酸化炭素の発生が避けられず、地球温暖化の観点からは問題があります。

二酸化炭素を発生しない水素燃料電池の燃料を作るために、二酸化炭素を発生したのでは、何をやっているのかわからないというものです。

●水素燃料電池のエネルギー

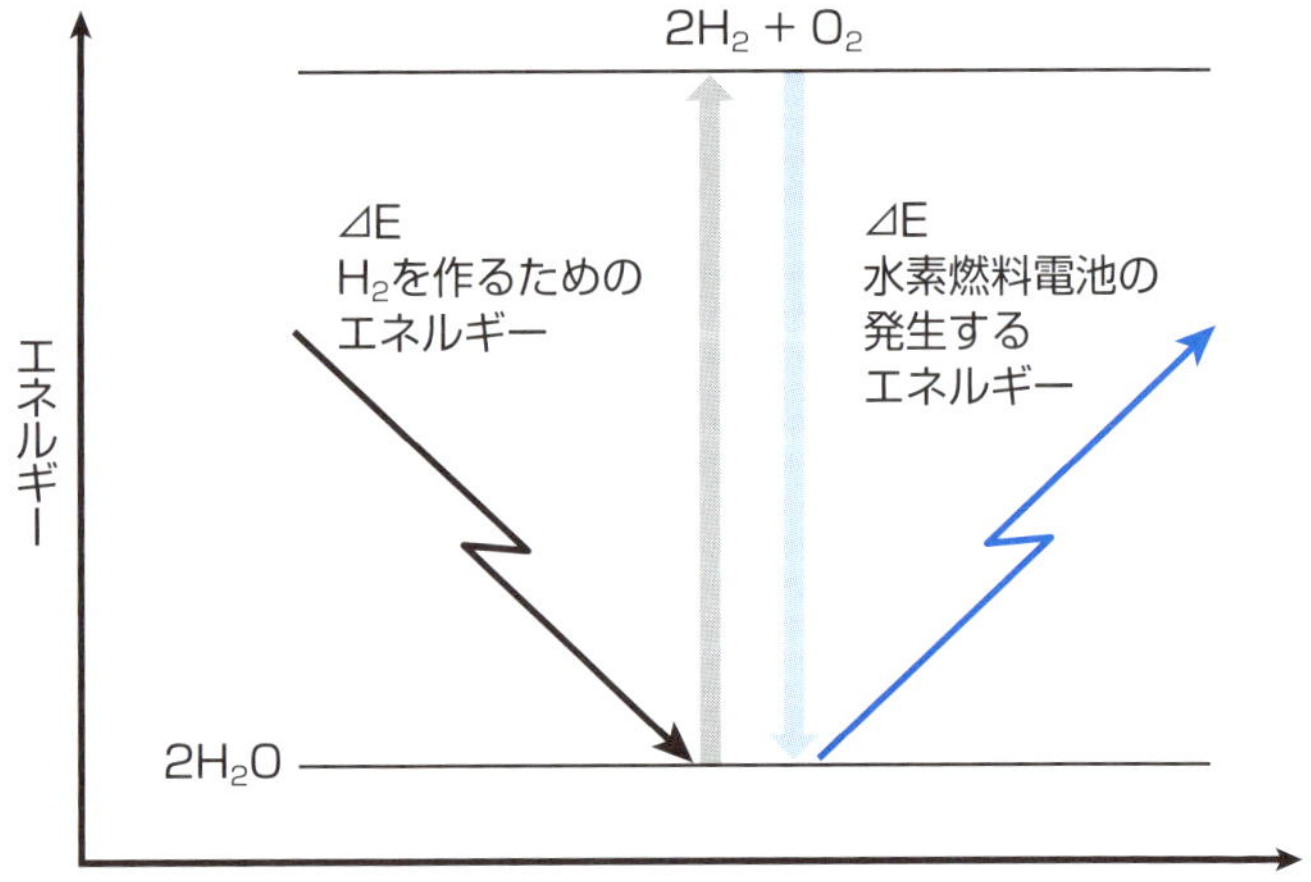

有力な水素源とみられているのが水です。すなわち水を電気分解して水素ガスを得るのです。しかし、電気分解するには電力(エネルギー)が必要であり、そのエネルギーは原理的に水素と酸素が反応して発生するエネルギーと同額です。すなわち、水素燃料電池が発生するエネルギーと同等のエネルギーを用いて燃料の水素を作らなければならないのです。

水素燃料電池は、決してエネルギーを生産しているわけではないのです。発電所で作った電気エネルギーを水素燃料電池で作ったような顔をしているだけなのです。

❷ 触媒の高騰

水素ガス燃料電池には触媒が不可欠です。現在のところ有力な触媒は白金(プラチナ)です。白金は言うまでもなく貴重な貴金属であり、その産出は、もっぱら南アフリカに頼るだけです。そのため、価格は高く、乱高下しやすい性質があります。

もし、水素燃料電池が多用されるような日が来たら、投資家の思惑も絡んで、その価格がどのように高騰するかは誰にも予想できないでしょう。

❸燃料の保管・輸送

水素ガスは、爆発性の気体です。1937年に起きた歴史的な飛行船事故であるヒンデンブルグ号の爆発炎上事故は、気球の浮揚力にこの水素ガスを用いていたのです。このように水素の怖さは周知のとおりです。このようなものを自動車に積んで街中を走らせて大丈夫なのか、さらには水素ガススタンドをどうするのかなどインフラを含んだ問題があります。

このような不安定要因の多い燃料に社会のエネルギーを依存させてよいのかどうかは政治経済の問題でもあるでしょう。

●ヒンデンブルグ号の爆発炎上事故

SECTION 21

太陽電池

エネルギーには、さまざまな種類がありますが、中でも電力エネルギーはその使い勝手の良いことから特に上質のエネルギーと考えられています。以前は、日本の電力発電量の25%以上は原子力によるものであり、その割合は今後さらに増加するものと考えられていました。しかし、2011年に起こった東日本大震災によって状況は一変しました。今後の日本は脱原子力を模索しなければならないことになるでしょう。

そのような状況において重要視されているのが太陽光によって電気を起こす、すなわち太陽の光エネルギーを直接的に電気エネルギーに変化させる太陽電池です。

太陽電池とは

太陽電池は、半導体を用いた電池です。その外観は1辺が12㎝ほどの黒いガラス板

（セル）のようなものです。これを何枚か敷き詰めた平板を太陽電池モジュールと言い、このモジュール何枚かを屋根に乗っけたものが太陽電池の発電システムです。

黒いガラス板1枚が1個の太陽電池であり、このガラス板に太陽光が当たると電気が発生し、電池と同じように電極から電流が流れます。1個の電池の起電力は約0.5Vです。

太陽電池の利点

太陽電池には、次のような利点があります。

❶保守点検不要

太陽電池の最大の利点は、可動部分も消費部分

●太陽電池の発電システム

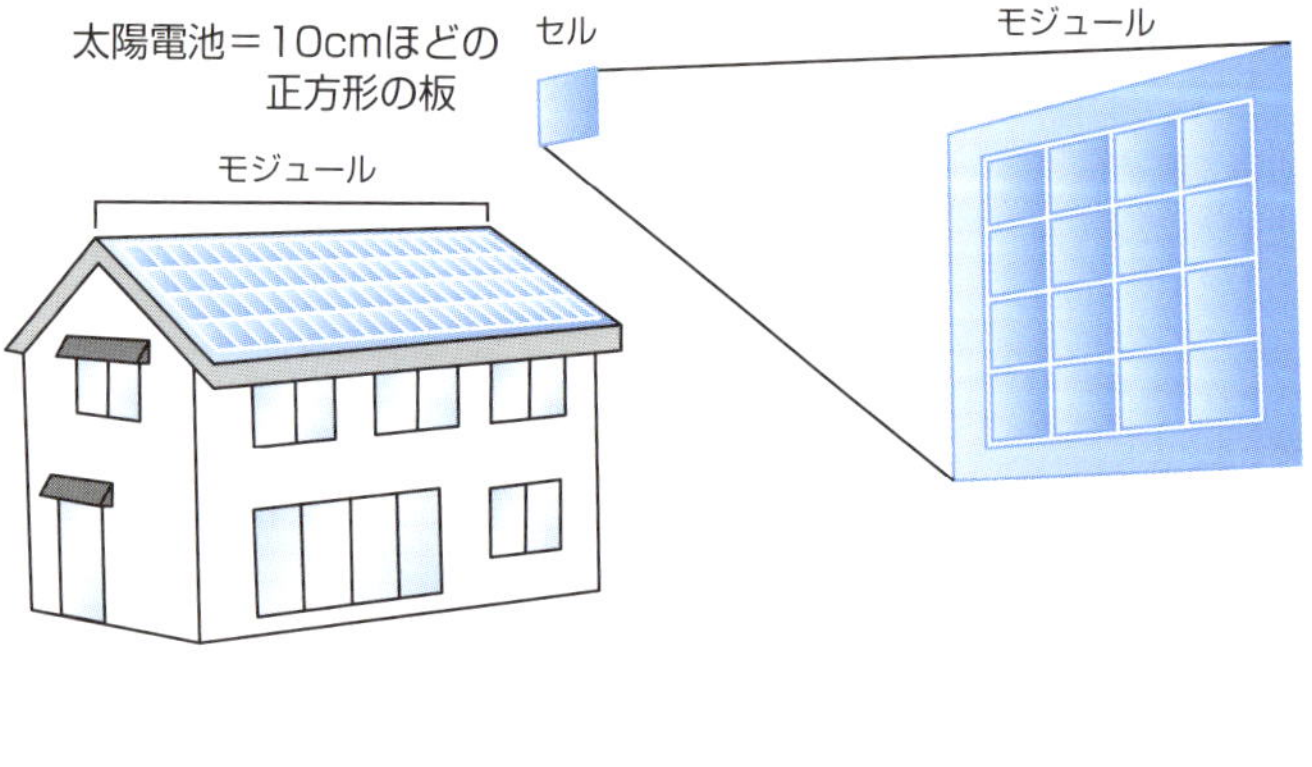

もないと言うことです。ガラス板に光が当たると電気が発生するということだけです。その結果、太陽電池は故障せず、運転、保守の必要もないと言うことになります。

❷ 地産地消

もう1つは、発電部分と消費部分が直結しており、いわば地産地消のエネルギーであるということです。遠方の発電所で発電した電力を都会に送るには何百㎞にもわたる送電網を設置する費用、その保守点検の費用、さらには送電の途中で熱エネルギーなどとして喪失されるエネルギーがあります。これらを考えたら地産地消の価値がわかると言うものです。

シリコン太陽電池

太陽電池には多くの種類がありますが、シリコン(ケイ素Si)を主体とした半導体を用いたものを一般に、シリコン太陽電池と言います。現在、民生用に用いられているものは全てシリコン太陽電池です。しかし、シリコン太陽電池には変換効率(太陽エネルギーを電気エネルギーに変換する割合)が20%以下と低いこと、高価であることなどの問題点もあり、改良が求められています。

シリコン太陽電池の稼働

シリコン太陽電池の構造は、簡単なものです。つまり、基本は2種のシリコン半導体のp型半導体とn型半導体を接合しただけのものなのです。図に示したように、透明電極、n型半導体、p型半導体、そして金属電極を重ねあわせただけです。重要なのは両半導体の接合面であるpn接合です。

太陽光は透明電極と薄くて透明なn型半導体を通過してpn接合面に達します。するとその光エネルギーを電子が吸収して活性化し、n型半導体中に飛び出します。これは透明電極を通過して導

●シリコン太陽電池の構造

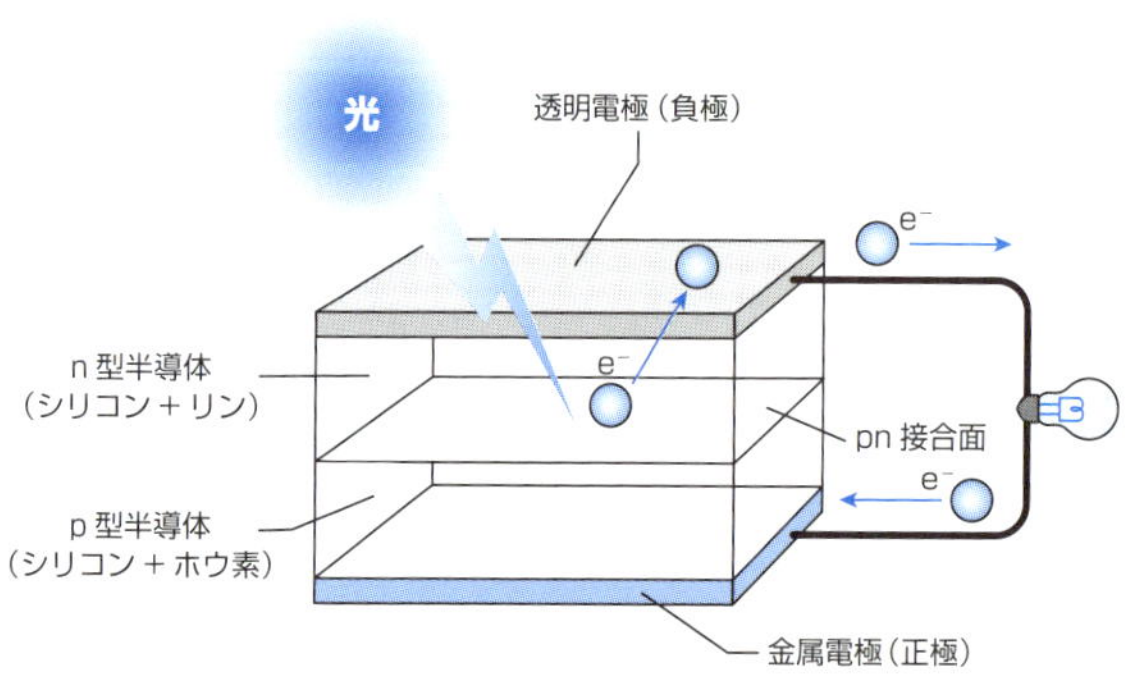

線に達し、導線中を通って電球にエネルギーを渡した後p型半導体を経由してpn接合面に戻るというわけです。

シリコン太陽電池の問題点

シリコンは地殻中に存在する元素としては酸素に次いで2番目に多く、したがって資源枯渇の問題は全くありません。ところが、シリコン価格が最近高騰しています。

問題は、シリコンの形態と純度です。半導体として用いるシリコンに要求される純度は過酷です。電子デバイスとしてのシリコンには11－9、イレブン・ナインすなわち99．999999999％の純度が要求されます。太陽電池の場合には、それほどでないにしても、それでも7－9が要求されると言います。その上、形態として全体が1個の結晶である単結晶が要求されます。これは宝石のダイヤやルビーと同じく作るのが大変に困難です。これではいくら資源が豊富でも、技術料やエネルギー（電力）コストで価格が高騰するのは当たり前です。

その為、単結晶シリコンでなく、多結晶シリコンや結晶性でないアモルファスシリコンなどを用いる太陽電池も研究開発されています。しかしまだ、変換効率が低いなどの問題が残っています。

太陽電池の種類

シリコン太陽電池意外に、現在実用化されている太陽電池として有機太陽電池や化合物太陽電池などがあります。有機太陽電池は、有機物で作った半導体を用いたもので、軽くてフレキシブルで大量生産すれば安価になるなどの利点があります。しかし、変換効率が良くないという欠点があり、特に屋外に使う場合の耐久性に問題があります。

化合物太陽電池は、変換効率が良く優れたものですが、製造コストが高いため、民生用として使うには向きません。そこで、有望視されているのがタンデム型太陽電池です。普通の太陽電池は太陽光のうちの一部の波長帯だけを用いますが、タンデム型では使用波長帯の違う複数枚の太陽電池を重ねて、全ての光を有効に使おうと言うものです。将来的には、金属の究極に小さい粒子を使った量子ドット太陽電池が構想されています。これができれば太陽光エネルギーの60％を電力に換えることができると言われています。

Chapter.5 古典的な再生可能エネルギー

SECTION 22

水力発電

山紫水明《さんしすいめい》と言われ、山と川に恵まれた日本は、昔から水力を貴重なエネルギーとして利用してきました。米を搗《つ》いたり、石臼を回すのに使った水車はその典型でしょう。

近代に入って発展したのが水力発電です。富国強兵の大方針に従って産業の高度成長を計るには電力が必要です。その電力を作るのに水力は格好のエネルギー源だったのです。ということで、日本中にたくさんのダムが築かれ、水力発電が行われました。

国力が落ち着き、周囲の環境を眺めてみると、開発という名前の下で行われた自然の改造の結果、環境があまりに乱れていることに気付いたのでした。しかし、水力は資源の乏しい日本にとって貴重な再生可能エネルギーです。最近、水力発電を見直そうとの機運が起こっています。

再生可能エネルギー

最近、再生可能エネルギーという言葉がニュースを賑わしています。環境に優しく、限りある地球上のエネルギーを末永く有効に使うためには、再生可能エネルギーの利用は避けて通ることのできないものと言われます。しかし、注意して聞いてみると、「再生可能エネルギー」という語は、次の2つの意味で使われていることがわかります。

❶資源量が無尽蔵で、利用し尽くすということがあり得ないエネルギー

❷資源量としては有限だが、使ってもその分が再生産されるので、実際上、無限大量と考えることのできるエネルギー

本来の言葉の意味からいったら、再生可能エネルギーは、❷を指すことになりますが、実際上は❶を指していることも多くあります。

❶の代表は太陽エネルギーでしょう。光エネルギーにしろ、熱エネルギーにしろ、太陽から来るエネルギーは太陽が存続し続ける限り恵まれ続けます。天文学的に見れ

ば太陽にも寿命はありますが、人間のタイムスケールから見たら、太陽の寿命は永遠と考えてよいでしょう。この他に、風力エネルギー、波力エネルギーなども無尽蔵ですが、これらは太陽エネルギーの変形と見ることができます。

水力発電の原理

水力発電は、川の水をせきとめてダムを作り、そこから流れ落ちる水の勢いを利用して発電機を回して発電するものです。水の位置エネルギーの利用ということです。

発電機はコイルの中で磁石を回転するとコイル中に誘導電流が発生することを利用したものです。発電の方法にはいろいろありますが、それは、この磁石を回転させるエネルギーに何を用いるかの違いです。水流を用いれば水力発電、燃

●水力発電の原理

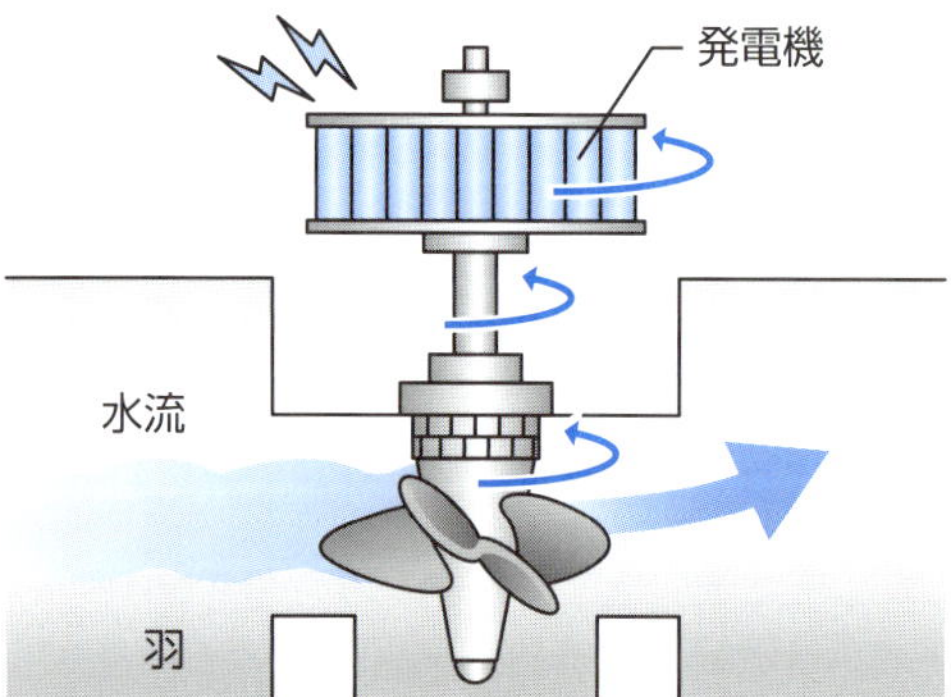

焼熱で作った水蒸気を用いれば火力発電、原子力で作った水蒸気を用いれば原子力発電ということになります。

図は水力発電機の模式図です。下部のトンネルを流れる水が発電機のシャフトに付いた羽にぶつかり、その力で発電機を回します。

水力発電の種類

水力発電には規模や方法によって、いくつかの種類があります。

❶ 自流式

川の水をそのまま発電所の水路に引き込んで発電するものです。施設も簡単にできますが、大規模発電を行うには大きな川が必要です。

❷ 貯水式

最も一般的な発電方式です。川の途中にダムを作り大量の水を貯め、その水の流れ落ちる勢いで発電機を回します。

❸揚水式

　貯蔵することが困難な電力を安定的に供給することを目的としたものです。使用量の少ない夜間の電力を利用して下部の水を上部に移動させ、電力需要の大きい昼にその水で発電します。

大規模発電

　水力発電の本流は、巨大なダムに膨大な量の水を溜め、それを必要に応じて放水をして発電機を回すものでしょう。発電の目的と共に、洪水を防止する治水、

●水力発電の種類

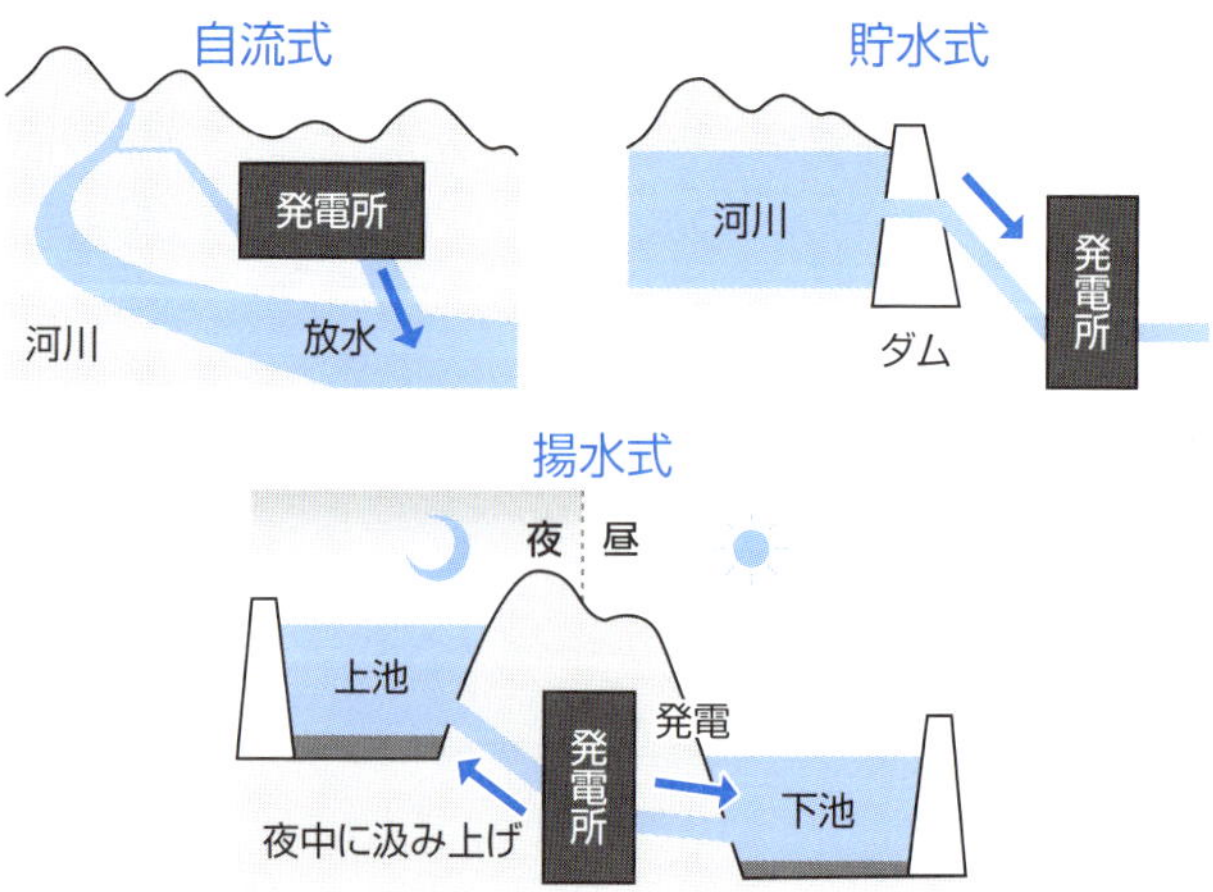

水を工業用・農業用などに利用する利水を兼ねたダム式発電は、かつて発電の主流でした。

水力発電の特徴は、なんといってもその巨大なダムにあります。日本の黒部ダムはもちろん、エジプトのアスワンハイダム、中国の山峡ダムなど巨大ダムは国家の威信を掛けた大工事が各国で行われました。

水力発電の問題点

水力発電の問題は、全てこのダム建設にあるといっても過言ではないでしょう。水力発電は、燃料費などの経常経費は安くて済みますが、その代わり、ダム建設という初期費用が莫大なものとなります。その上、環境に対する影響が甚大であることが明らかになってきたのです。

ダムの上流では、既存の村落が消滅し、下流では水量の変化によって生態系が根本から変化します。また、ダム周辺では、巨大水量の重量に基づく地盤沈下など回復不可能なほどの被害が現れます。

しかも、ダム本体には上流から絶えず土砂が流れ込み、貯水可能量は減少し続けます。土砂などを取り去る土木工事を行えば、その土砂の貯蔵場所に事欠くことになります。万一、ダムが決壊したら推測もできないほどの被害が現れます。ということで、巨大ダムを前提とした水力発電は過去のものとなりつつあるようです。

下のグラフをみると、ここ30年、水力発電の発電量は変化していません。しかし、総発電量は約2倍になっています。ということは、水力発電の占める割合は30年で半減したことを意味します。

●各エネルギーの発電量の推移

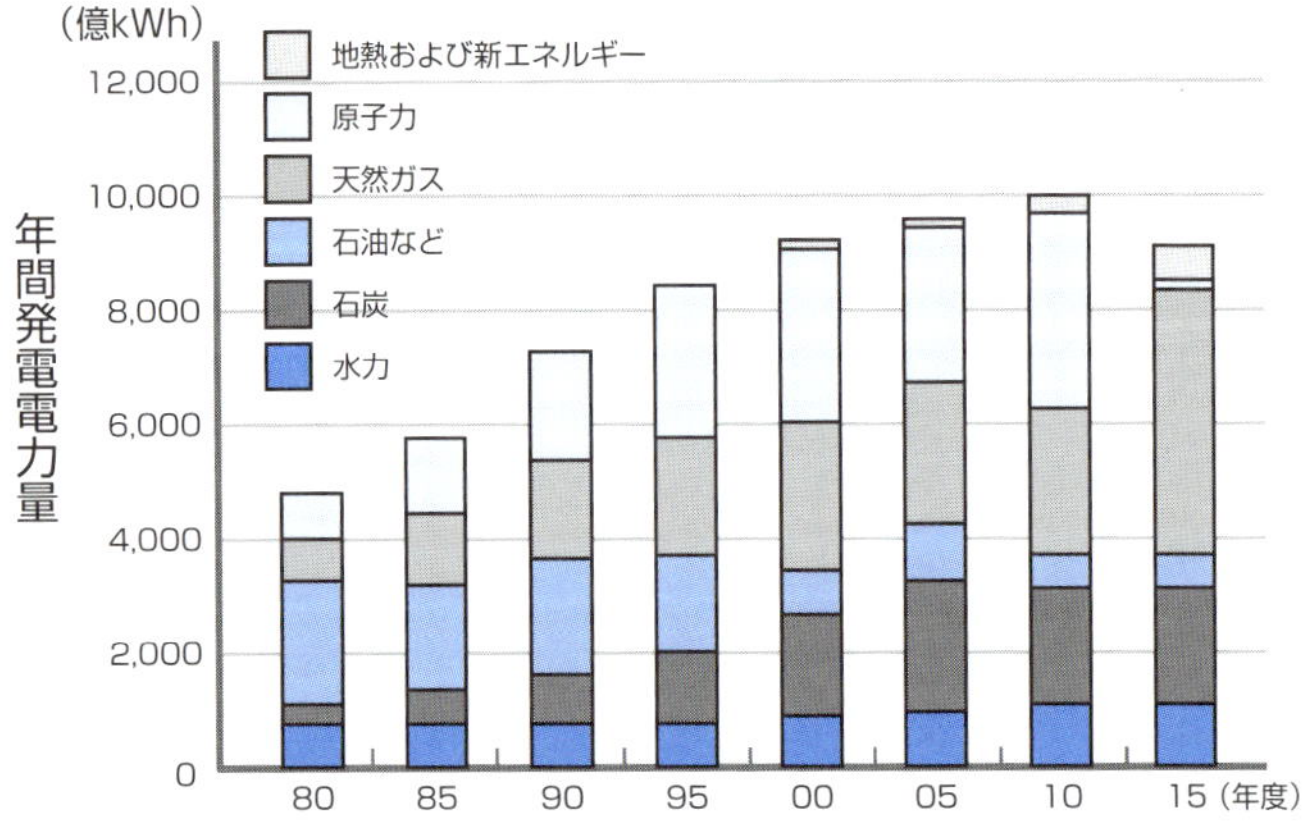

※経済産業省エネルギー庁「エネルギー白書 2017」をもとに作成

小規模発電

それでは水力発電は、今後、行われないのかというと決してそうではありません。最近注目を集めているのは、小規模水力発電です。極端な例えを用いるなら昔の水車小屋のようなものです。家の前を流れる小川に小規模発電機を設置して、自分の家庭用の電力を得るというものです。

小規模なことや地産地消であることなど、太陽電池のコンセプトと似ています。技術的な問題は、ほぼクリアされていると言ってよいでしょう。後は、発電機を設置して発電するだけです。

ところが、ここに思いがけない問題が発生します。それは、このような小規模発電のためにも、自治体から河川水の利用という許可を得る必要があるのです。川には、その川の水を昔から農業用水や工業用水などに利用してきた人々の複雑な利害関係が錯綜しています。そのために、利用の許可を得るには膨大な量の書類を提出する必要があります。後に見る地熱発電の許可書類と似ています。目下、簡略化の方向で見直しが行われていると言いますから、小規模発電が実現するのも近いかもしれません。

SECTION 23

風力発電

風力発電は、風の力を利用して発電しようというものです。発電に利用するようになったのは最近ですが、風力エネルギーの利用は古くから行われています。

有名なのはオランダです。国土面積が少ないオランダは、海を干拓することによって国土を増やしましたが、海水面以下の低地に溜まった水は堤防を越えて海に排出しなければなりません。その動力源となったの

●オランダの風車

が風力であり、風車なのです。つまり、風車はオランダの国土を作り、それを護るものだったのです。風車がその他にも、各種動力源としてオランダの産業に欠かせないものとして活躍したことは言うまでもありません。

風力発電の原理

発電の原理は電池を除けば、みな同じものであり、簡単にいえば発電機を回すことによって電力を発生するものです。小型のものは自転車のダイナモライトであり、これはいわば人力発電です。

水力発電は高所から落ちる水を発電機に直結したタービンに当てて発電機を回すものであり、位置エネルギーを利用したものです。火力発電はボイラーで火力を利用して作った水蒸気をタービンに吹き付けて発電機を回すものです。

この意味では、原子力発電も火力発電と同じです。すなわち、現代科学の粋は原子炉に集中していますが、その用途たるや火力発電のボイラーと何ら変わることはないのです。原子炉は簡単に言えば水蒸気を作る装置であり、ボイラーの現代版に過ぎません。発電は、この水蒸気を昔ながらの発電機のタービンに吹き付けることによって行われているのです。

原理的には風力発電は、水力発電と同じように単純明快です。発電機にタービンの代わりに風車を付けただけのことです。風が当たれば風車が回って発電が起こり、風がやんだら風車も止まり、電力も起きないだけのことなのです。

●風力発電の原理

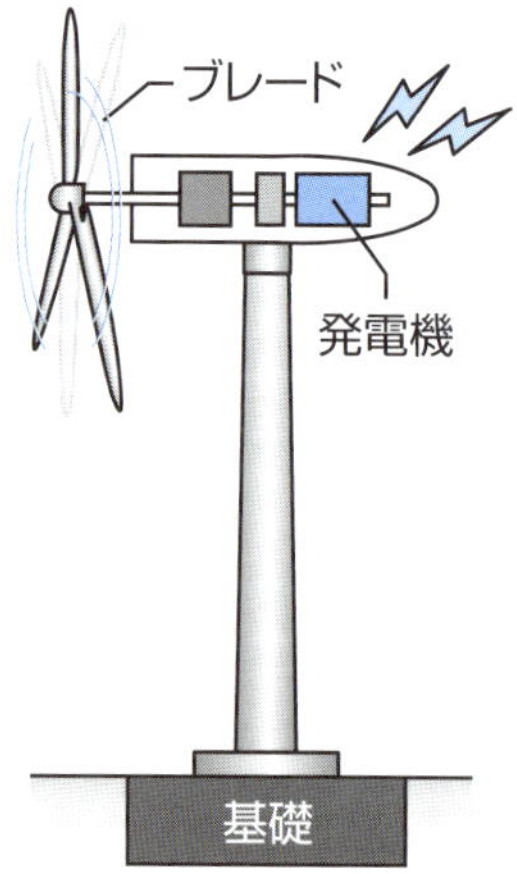

電力の保存

風力で発電が起こるか起こらないかは風任せであり、頼りないことは頼りありませんが、これは太陽光発電も同じであり、自然エネルギーを利用する際の宿命ともいうものです。

しかし、このような不都合も大容量の蓄電装置があれば解消されることです。風の強い時に大量に発電し、それを蓄電池に保管すれば良いのです。ところが電気エネルギーの一番の問題点はここにあります。電力は「電力の形」では保管しにくいのです。そのためにも大規模高効率の蓄電装置の開発が待たれています。

しかし、最近の自動車は内燃機関（エンジン）とともに電気駆動力（モーター）を用いたハイブリッド型が導入されています。ハイブリッド型の自動車には蓄電池という電力の貯蔵装置が内蔵されています。不必要なときに発電された電力を保管するのに蓄電池を利用しない手は無いということで開発されたシステム的な有効利用法がアメリカのスマートグリッドというわけです。

装置

風力発電装置は、小さいものでは家庭のベランダに設置できるものもあります。風力発電の電力も余剰分は太陽電池の電力と同じように電力会社に買い取ってもらえるので、家庭風力発電は今後増えるのかもしれません。

商業ベースの大きな風力発電機では、高さ100メートル以上の塔に設置された、ブレード（翼）の長さが数十メートルに達する大風車があります。日本では風力発電の開発が遅れたので、初期の風力発電装置は欧米からの輸入品が主でした。風力がほぼ一定の風が吹き続ける欧米に対して、季節風や台風の影響を受ける日本では、時折強い風が吹き付け、鉄塔が破壊されるなどの事故もありましたが、最近は改善されて、そのような恐れは無くなったようです。

大規模な風力発電装置の価格は、発電量500kWのもので、ほぼ1台1億円と言われるようです。原子力発電所並みの発電量100万kWの発電施設を作るためには2000台の風力発電機を接地すればよいのであり、その設置費用は2000億円と言うことになります。2009年に稼働した北海道電力泊原子力発電所3号機（91万kW）の建設費が約2926億円と言われますから、風力発電は高くは無いことになるのでしょう。

しかも、原子力発電には放射性物質の処理費用、老朽原子炉の廃棄費など、莫大な事後費用が予想されるのは、ようやく近年になって明らかにされつつあることです。

環境問題

風力発電装置の問題点は、その設置場所の選択にあります。倒壊の恐れは無いとしても、まさか大都会のど真ん中に立てるわけにもいきません。スカイツリーのテッペンに巨大風車を付けるのは、アイデアとしては素晴らしいでしょうが、実現は困難でしょう。

最近では風力発電装置の公害問題も取りざたされるようになりました。風車の回転に伴って起こる低周波騒音です。人間の耳に聞こえる音は周波数200から2万Hzまでであり、それより周波数の低いものを低周波と言います。しかし、低周波は耳に聞こえないだけであって、体では感じることができます。これが低周波公害であり、敏感な人は体調不調となり、睡眠障害が起こると言います。

したがって常識的な設置場所は、人工密度の少ない地方で、一定の風が吹き続ける場所と言うことになります。しかし、そのような場所がそんなに多くは無いことは容易に想像できます。

ということで、現在では大規模風力発電装置は、海上に設置することが多くなります。その場合、ヨーロッパのように遠浅の海が広がる地方では風車の鉄塔を海底に設置することが可能です。しかし日本のように、海岸を離れるとすぐに深くなるような海では、海底に鉄塔を埋設することは困難です。

解決策として浮遊式の設備です。早い話が巨大なイカダの上に風力発電装置を設置するのです。台風の季節などに倒れたり、流されたりはしないかなどと余計なことを考えるのは素人です。専門家に強度設計を仰げば問題は無いでしょう。しかし、その場合、当然コストは高くなるでしょうから、100万kWで2000億円と言うことにはならないでしょう。

風力発電の推移

さまざまな問題もありますが、風力発電の導入量の推移には目を見張るものがあります。世界における風力発電量は、急激な上昇傾向にあります。世界的には風力発電が自然エネルギー発電の雄として有力視されていることが良くわかります。

次の表は各国別の風力発電の導入量です。中国、米国が圧倒的に多く、ドイツ、スペインが続いています。日本は10位以内には入っていません。

下のもう1つの表は2010年の1年間における世界の主な新規設置風力発電の導入量です。これを見ると中国の熱の入れ方がよくわかります。また、インドが3位に躍進しているのは、当国の自然エネルギーに対する姿勢のあらわれと見ることが出来るでしょう。日本は、ここでもまた大きく遅れているとしか言いようがないようです。

●世界累計設置容量(2010年)

順位	国名	容量(GW)
1	中国	42.3
2	米国	40.2
3	ドイツ	27.2
4	スペイン	20.7
5	インド	13.1
6	イタリア	5.8
7	フランス	5.7
8	英国	5.2
9	カナダ	4.0
10	デンマーク	3.8
	その他	26.5

●世界新規設置容量(2010年)

順位	国名	容量(GW)
1	中国	16.50
2	米国	5.12
3	インド	2.14
4	スペイン	1.52
5	ドイツ	1.49
6	フランス	1.09
7	英国	0.96
8	イタリア	0.95
9	カナダ	0.69
10	スウェーデン	0.60
	その他	4.75
-	世界全体	35.80

SECTION 24

太陽熱発電

太陽電池の発展のせいなのかもしれませんが、最近、太陽エネルギーと言うと、光エネルギーに注目が集まります。しかし、私たちが太陽の恵みを実感するのは、その明かりと共に熱によるのではないでしょうか?

熱は、あまりに原初的なため、太陽熱エネルギーは看過されることもあるようですが、そのエネルギー総量は莫大なものです。しかも、極めて利用しやすい熱エネルギーです。

太陽熱エネルギー

Chapter.1で見たように太陽のエネルギーは、波長800㎚以下の部分と、それ以上の部分に分けることができます。波長が800㎚より短い部分は、光やX線ですが、

８００㎚より長い部分は赤外線や電波であり、赤外線は熱線と呼ばれることもあるほど熱エネルギーを持っています。

太陽電池は、主に８００㎚以下の可視光より短い波長に対応し、赤外線による熱エネルギーには対応しません。つまり、太陽電池は熱エネルギーを利用することはできないのです。しかし、この熱エネルギーを利用しない手はありません。

●太陽

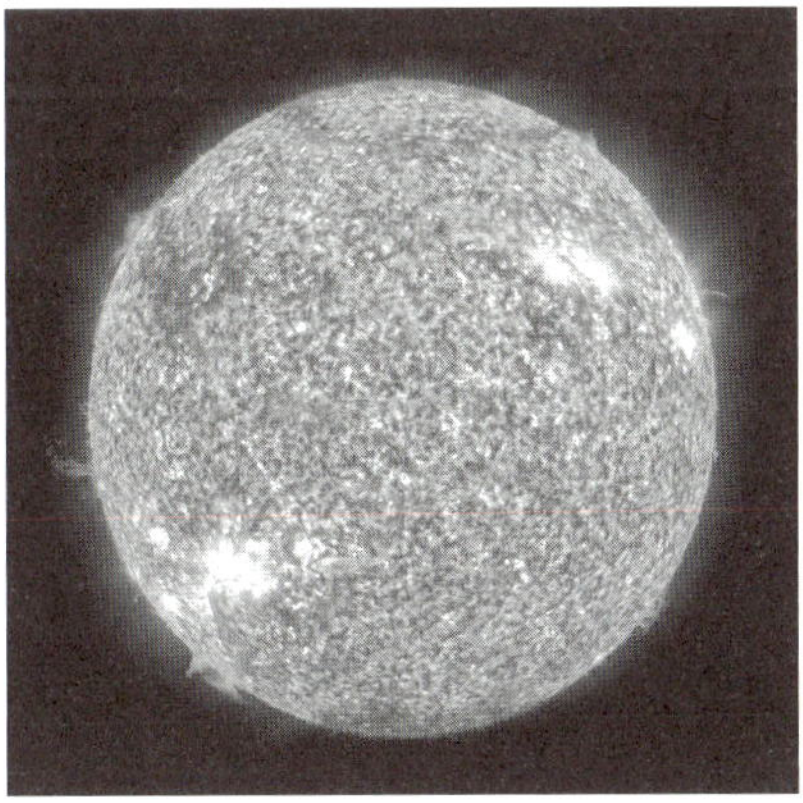

古くからある太陽熱の利用法の１つは温水器でしょう。屋根にプールを上げて水を温め、お風呂などに利用するものです。太陽電池で電力を作り、その電気を用いて電気ポットでお湯を沸かすなどというエネルギーロスの連続のような方法に比べれば、はるかに合理的であり、設備費も安くて済みます。しかし、お湯のエネルギーは使い道が限られます。

大きな凸レンズで目玉焼きを焼くようなデモンストレーションも行われますが、実用とは別な目的です。

太陽熱発電

現代では、どのようなエネルギーでも電気エネルギーに変換するのが最も使い勝手がよく、便利な方法です。太陽熱もそれを有効に使うためには、太陽電池と同じように電気エネルギーに変換するのが一番です。

太陽熱の短所は、単位面積当たりのエネルギーが小さいということです。したがって、高熱を用いて発電機を動かそうとすると、広い面積に降り注いだ熱エネルギーを一箇所に集中させることが必要になります。凸レンズで紙を焼く要領です。

太陽熱発電には、タワー式とトラフ式が考えられます。タワー式は凹面鏡の中央にタワーを設置し、凹面鏡の焦点位置に加熱装置を設置します。凹面鏡に照りつけた太陽熱は焦点に集中して加熱装置を暖め、発電機を回します。

すでに1000度を越す高温が得られ、1000kW程度の試作品ができています。しかし、鏡の設置角度に精密さを要し、大規模発電は難しいようです。

一方、トラフ式は横に並べた曲面鏡の上にトラフ(樋)を設置し、熱媒体を流して加熱するものです。この方式は、建設は容易ですが温度は400℃程度と、高温を得ることができないのが難点です。低温でも稼働できる効率のよい発電機の開発が待たれます。

●太陽熱発電

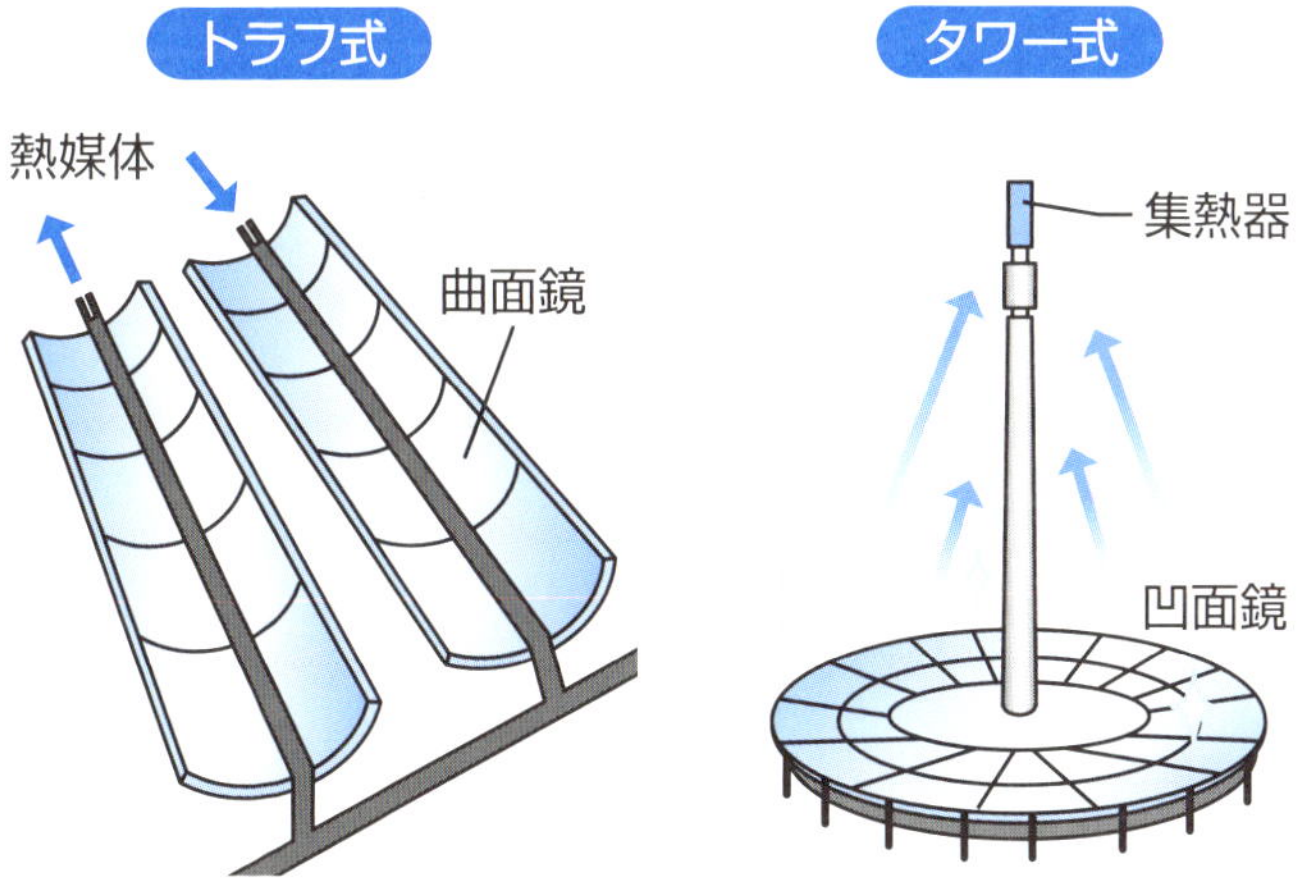

SECTION 25

地熱発電

いたる所に火山のある火山王国日本にとって、地熱は重要なエネルギー源です。再生可能エネルギーとして、最近見直されている地熱エネルギーは地球の熱を利用するものであり、その起源は原子核の崩壊エネルギーです。これも地球が存在する限り供給され続けられるもので、人間にとっては無尽蔵と考えてよいでしょう。

地球の温度分布

地球は巨大な原子炉です。地球内部では各種の放射性同位体が原子核崩壊を起こし、放射線とともに巨大な熱エネルギーを放出しています。この熱エネルギーがいわば地球の生命源であり、そのために地球は、中心部が6000℃とも7000℃とも言われる超高温となっているのです。決して地球誕生時の熔岩状態の熱が今に続いているわけではありません。

地球は半径1万3000㎞の球ですが、内部は一様ではなく、層状構造となっています。最も外側は地殻と呼ばれ、我々の見慣れた岩石の層でできていますが、それでも、ところどころにはマグマと呼ばれる高温の熔岩部分があり、火山の活動源となっています。

地殻の厚さはわずか30㎞に過ぎず、その下は数千度と言われる温度の外部マントルになっています。地殻など、リンゴで言えば赤い皮の部分に過ぎず、大部分の白い部分は灼熱のマントルとなっているのです。これは地殻といえど、深部は数百℃〜千℃程度の高温になっていることを意味するものです。

地熱発電の原理

この地殻表面の低温（常温）と地殻深部の高温という温度差を用いて発電しようというのが地熱発電です。

図は理想的な地熱発電の模式図です。地表から深部にポンプで水を送り、地熱で暖められた結果、発生した水蒸気を回収し、それで発電機を回した後、冷却した水をまた深部に送り込むという仕組みです。熱以外の環境には手を付けないというのが重要な点です。

しかし、現在実際に行われている方式は、これとは少々異なります。その方法は、井戸を掘って地下から天然の高温水蒸気を採集し、それで発電機を回した後、冷却された水（水蒸気）は排水として環境に流し出すか、ポンプで地中に戻すというものです。

戻すと言っても元の地層に戻す

●理想的な地熱発電の仕組み

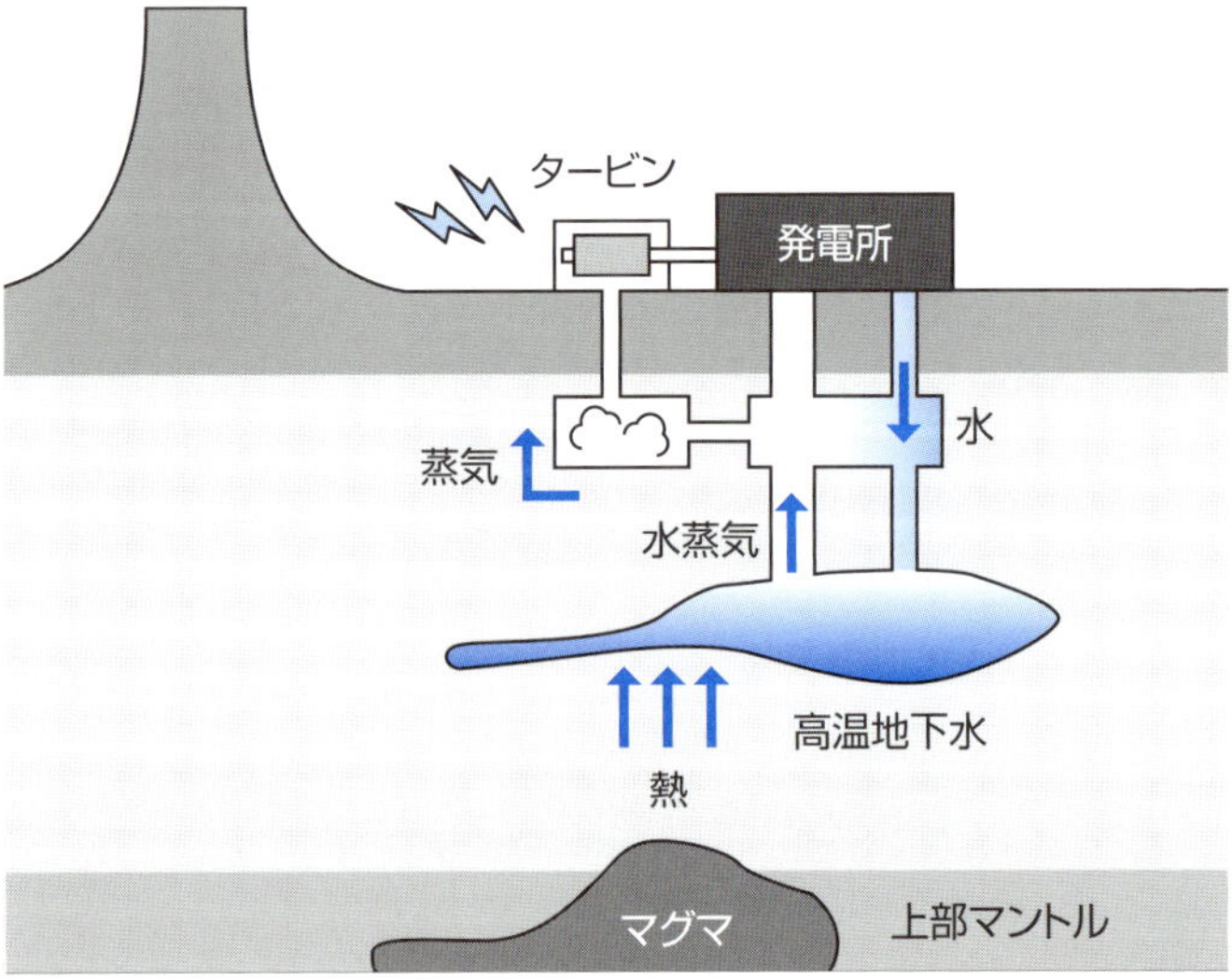

のではなく、かなり浅い地層に戻すことになります。したがって、地下の水蒸気は、いわば使い捨てとなっているのです。そのため、地下水の枯渇、あるいは地盤の変化などが起こる可能性があります。

地熱発電の現状

この地熱発電の技術でトップを行っているのが日本です。そのため、日本は世界各地で地熱発電装置を設置し、外貨獲得に一役買っています。ところが、日本では地熱発電が盛んかと言われるとそれほどでもないのが残念なところです。現在の地熱発電による総発電量は53万kWで世界第8位に過ぎません。

その原因の1つと言われるのが行政の壁です。すなわち、地熱発電を行うためには地下の高温部分が浅い

●日本の主な地熱発電所

順位	都市	発電会社	発電所	容量(kW)
北海道	森町	北海道電力	森発電所	50,000
岩手県	雫石町	東北電力	葛根田地熱発電所	80,000
秋田県	鹿角市	東北電力	澄川地熱発電所	50,000
福島県	柳津町	東北電力	柳津西山地熱発電所	65,000
大分県	九重町	九州電力	八丁原発電所	112,000

所にあった方が有利です。ところがそのような場所の多くは既に温泉として利用されており、また、国立公園などに指定されています。国立公園では草木一本採集するにも許可が必要です。まして、国立公園内に恒久の発電施設を建設するなど、あってはならないこととなります。ということで、建設のためには膨大な書類手続き上の問題が発生し、事実上、許可が下りないと言うことになるようです。

この辺の問題は、先に見た小規模発電の状況と似ています。小規模水力発電では、装置の設置が水利権の問題に絡み、設置するためには大規模ダム建設に要するほどの膨大な書類の提出を求められます。そのため、実際には設置困難となっています。

しかし、水力発電の問題は見直しが進み、早晩手続きは簡略化されそうです。地熱発電でもそのようになったら、日本の地熱発電は一挙に拡大するかもしれません。

SECTION 26

超臨界水発電

臨界点

液体の水は、１気圧下では１００℃で沸騰して気体の水蒸気になります。沸騰する温度（沸点）は気圧（圧力）の上昇とともに上昇し、２気圧では１２０℃になります。そして２１８気圧という高圧では、沸点は３７４℃になります。ところが圧力がこれより高くなると、水は沸騰しなくなります。水は、これ以上どんなに熱しても沸騰して気体になることはありません。この圧力（２１８気圧）と温度（３７４℃）を臨界点と言い、気圧、温度がこれ以上の状態を超臨界状態、それが水ならば超臨界水と言います。

超臨界水は、液体の水と気体の水蒸気の中間のような性質を持ち、液体の比重、気体の分子運動エネルギー、大きい溶解力、強い酸化能力など普通の水とは違った性質を持ちます。

超臨界水

火力発電では、液体の水をボイラーで化石燃料の燃焼熱で加熱して気体の水蒸気とし、その圧力で発電機のタービンを回転して発電します。この原理は原子力発電を含めて、全ての発電機において同じものです。

このような発電の場合、発電の効率は水蒸気の温度が高いほど効率が良いことが明らかになっています。ということで、最新式の火力発電では超臨界状態の水を使うことになっています。しかし、そのためには相当の熱エネルギーが必要となります。

超臨界水発電

地表の下は地殻です。そのまた下はマントルです。その中間には溶岩のマグマがあります。マグマの近傍にはマグマの熱（374℃以上）と地圧（218気圧以上）によって作られた超臨界水が存在します。

超臨界水発電というのは、この超臨界水を利用して発電しようという試みです。目下2050年頃の実現を目指して研究開発が開始されました。

この研究のためには地下3000～5000mという大深度の井戸を掘る必要があり、もしかして、その井戸からマグマが噴出したら、それはすなわち火山噴火です。研究者が経験したことの無い人工火山になります。収拾の目途も目算もありません。

ということで、マグマの近くまで井戸を掘り、そこに水を入れて間接的に加熱することによって超臨界水を得ようと言う方向で研究は進められています。

●超臨界水発電

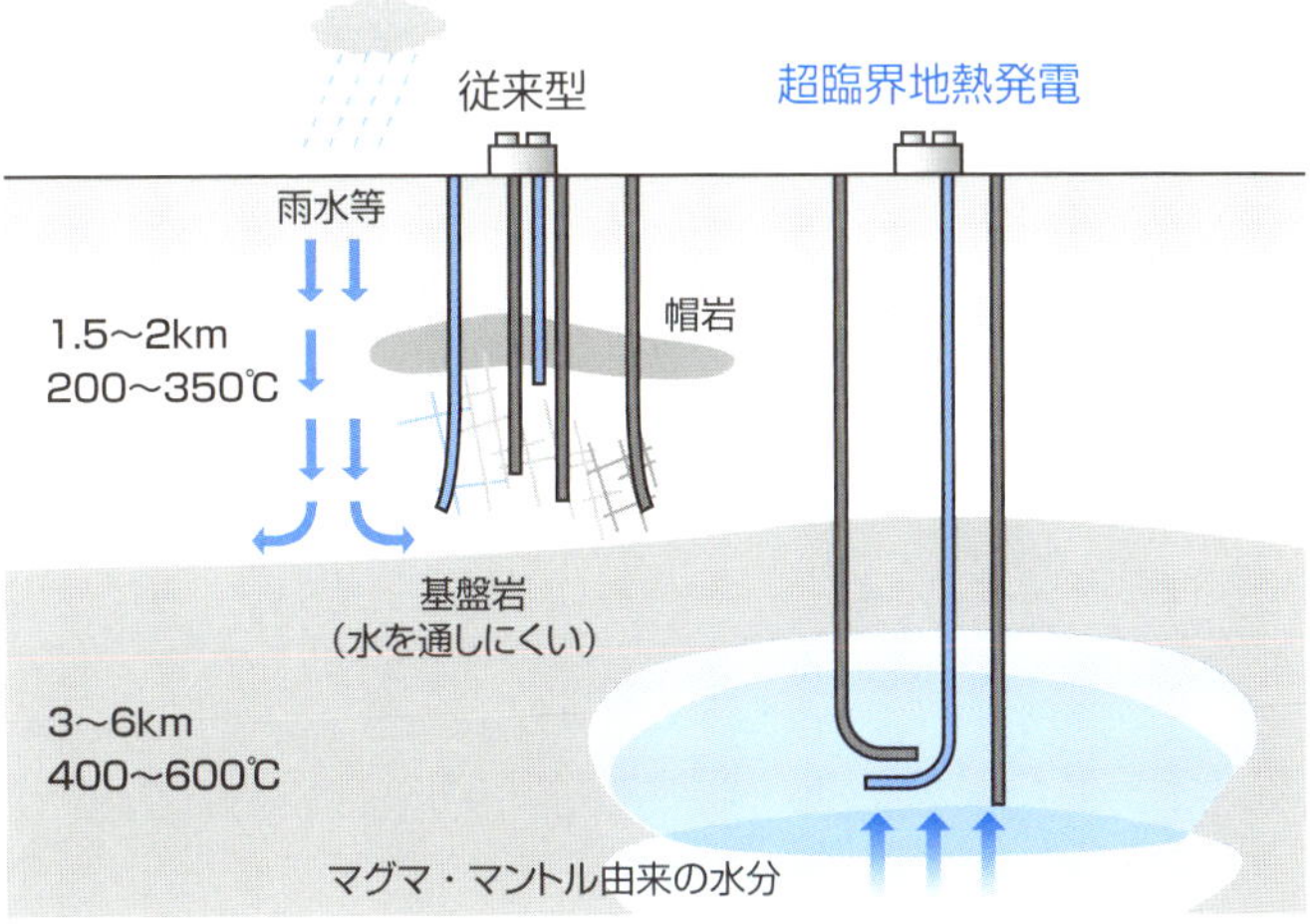

SECTION 27

バイオエネルギー

バイオエネルギーあるいはバイオマスエネルギーは、その名のとおり生物のエネルギーであり、人類がその歴史の最初の段階から利用し続けてきたエネルギーです。原始的なものとして枯草を集めて火を燃やすのはバイオエネルギーを熱エネルギーとして利用したものです。狩猟、農耕が始まってからは馬を移動の手段に用い、牛を農耕の手段としましたが、これは機械エネルギーとして用いたことになるでしょう。このように歴史の古いバイオエネルギーですが、最近、再生可能エネルギーという新しい観点からその価値が見直されようとしています。

バイオエネルギー

バイオエネルギーを生物由来のエネルギーと考えれば、生物の遺骸の化石と考えられる、石炭、石油、天然ガスを代表とする化石燃料もバイオエネルギーと言うべきでしょう。そうであれば、化石燃料も再生可能エネルギーと言うことになりそうですが、化石燃料は再生可能エネルギーには含まれません。

石炭の可採埋蔵量は120年ほどと言われますが、確かに、今の調子で採掘、燃焼が続けば、いつの日にか、掘り尽くされて無くなってしまうのは明らかです。掘り尽くした炭坑に、いつか石炭が舞い戻るなどと言うことはありえません。したがって少なくとも石炭は無尽蔵でも、再生可能でもないと言うことになります。

それでは木材（薪）はどうでしょうか？　木材はつい先ほどまで緑滴る植物であったものです。植物は極小の種が水と二酸化炭素を原料として成長したものです。この木材が燃焼して二酸化炭素と水になったとしても、次の種がこれらを原料として再度、薪に成長してくれます。植

●木材のバイオエネルギー

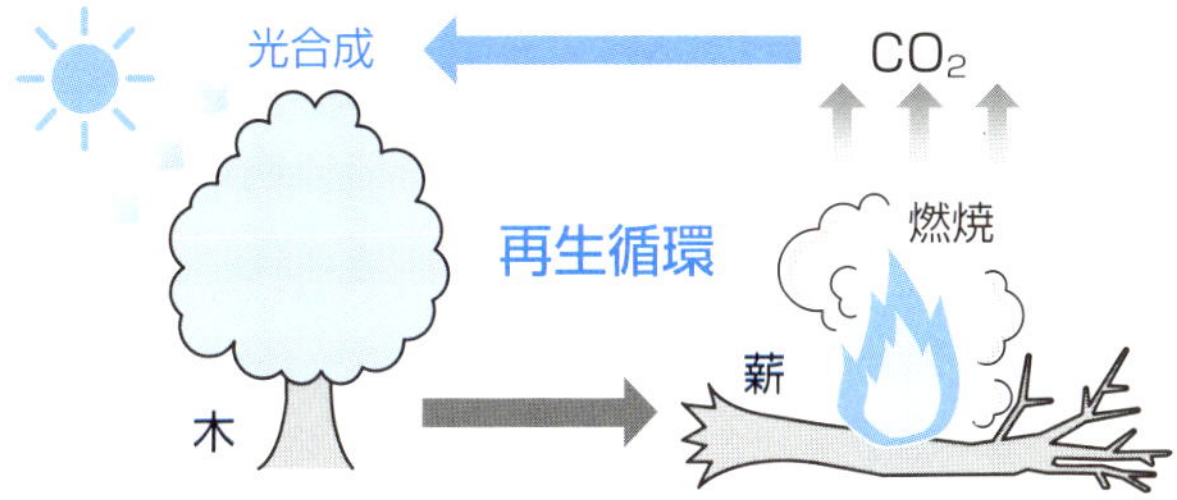

物の成長は、種↓木材↓種↓木材の繰り返し連鎖であり、この意味で再生可能エネルギーなのです。

このように、木材は燃焼に伴って発生した二酸化炭素(炭素、カーボン)を繰り返し使用するので、使用に伴って二酸化炭素の量を増やすことがありません。この意味でカーボンニュートラルな燃料と言われることもあります。

バイオエネルギーの種類

一口にバイオエネルギーといってもいくつかの種類があります。主なものとして木材燃焼、メタン発酵、アルコール発酵などがあります。

❶木材燃焼

燃料としての木材の利用については、今さら述べることも無いでしょう。とは言っても、焼畑農業や山火事で発生する二酸化炭素の量が地球温暖化にとって深刻な問題となっていることは指摘しておかなければならないでしょう。

❷ メタン発酵

メタン発酵は、生物体を嫌気性条件（酸素の無い条件）下で細菌によって分解発酵させ、メタンガスCH_4を得るものです。メタンは天然ガスの主成分でもあり、その利用法は確立されています。メタン発酵法の利点は、その利用可能な原材料の多様さにあります。有機物ならば何でもOKと言って良いでしょう。栽培植物はもちろん、食物産業や家庭から排出される生ごみ、さらには家畜の糞尿など利用できないものはありません。

現在、不要物どころか厄介物として廃棄するのに困っているような廃棄物が将来、貴重なエネルギー資源として見直される可能性が大きいのです。

●バイオエネルギーの種類

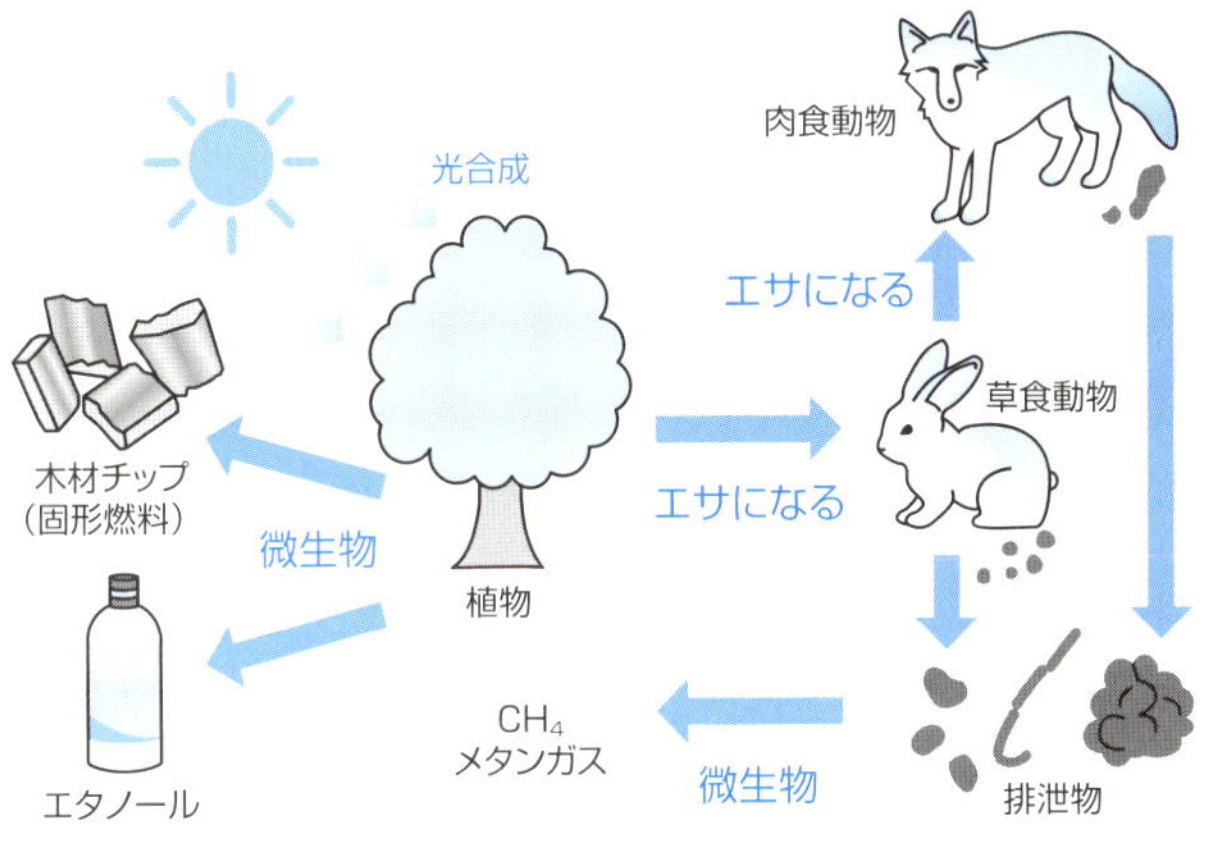

❸エタノール発酵

植物をアルコール発酵させて二酸化炭素とエタノールにし、エタノールを燃料としてガソリンなどの代わりに用いるというものであり、既に商業ベースで利用されています。この方法は、技術的に問題はありませんが、倫理的な問題が指摘されています。それは、この発酵法の商業的な原料として利用されているのがトウモロコシなのです。もちろんトウモロコシは、世界の三大主食の1つであり、多くの人類が主食として利用しています。世界的な食料不足が叫ばれる中、この主食を食物にしないで燃料とするのです。しかも、トウモロコシを主食にする国々は豊かでない国が多いです。トウモロコシの燃料転化が原因で、そのような国でトウモロコシが不足し、価格が上昇していると言います。このまま、エタノール発酵によるバイオ燃料生産が続けられてよいものかどうか疑念が残るのは当然と思われます。

しかし、主食になるのはトウモロコシの実の部分です。実は主食に回して、それ以外の廃棄物部分を発酵させればよかろうとは誰しもが思うところでしょうが、商業ベースで見ると、それでは発酵効率が悪く、採算が取れないとのことなのです。この辺が資本主義の不思議なところとは誰しもが思うのではないでしょうか。

Chapter. 6
新しい再生可能エネルギー

SECTION 28

潮汐発電

再生可能エネルギーとは、「使ってもまた再生されるエネルギー」あるいは、「実用上、無尽蔵と思えるエネルギー」のことでした。消費してもまた再生されるとは魔法のような話ですが、決して珍しいものではありません。ここでは、最近発見された、あるいは実用化されつつある新しい再生可能エネルギーについて見ていきましょう。

潮汐エネルギー

潮汐《ちょうせき》とは海の潮の満ち干のことを言います。海が海水で満ち、海面が上昇するのを満ち潮、反対に海水が減少し、海面が低下するのが引き潮であり、その繰り返しを潮の干満《かんまん》と言います。海釣りが好きな方はご承知のことですが、潮の満ち干は複雑であり、大潮、小潮、若潮など事細かに分類されています。海に囲まれた日本文化とその精細さに驚くこともあります。

このようなエネルギーを発電に利用しようというのが潮汐発電です。四方を海に囲まれた日本にとっては是非とも有効に活用したいエネルギーです。

潮汐現象

潮の干満は言うまでも無く、地球と月の位置関係から起こる現象です。月は引力（重力）を持ち、地球を引き付けています。しかし、地球の位置や土石の分布をどうにかしようというには月の引力は弱すぎますが、水ならどうにかなります。

すなわち、月が頭上に来た時には海水が頭上に引き寄せられ、海水面が高くなります。これが大潮です。反対に月が地球の裏側に行ったときには海水はそちらに引き寄せられ、自分のいる側は海水が少なくなって引き潮となります。この干満の差は、地形によって大きく作用されますが、大きなところでは干潮と満潮で海水面が20ｍほど異なるというから驚きです。

余談ですが、旧約聖書に書いてある出エジプト紀で、モーゼに導かれたユダヤ人が紅海に面して行く末を阻まれたときに、突如海が割れて道が表れたと言うのは、この干潮によるものと言われています。日本でも鎌倉時代の名将新田義貞《にったよしさだ》が、満潮の磯村崎《いそむらがさき》で干潮を見越して刀を投じ、その後、干潮になって兵が勇んで進軍した故事が残っています。

潮汐発電所

潮汐発電所の模式図は下に示した通りです。すなわち、干満の差が大きな場所に適当な小型の湾があったとします。満潮時には、湾は海水で満たされて海面は上昇し、反対に干潮時では海水は無くなって海面は低下します。湾の入り口をダムで塞ぎ、満潮時に開き、干潮時に閉じると湾には大量の海水が滞留し、海面は上昇したままになります。

●潮汐発電の仕組み

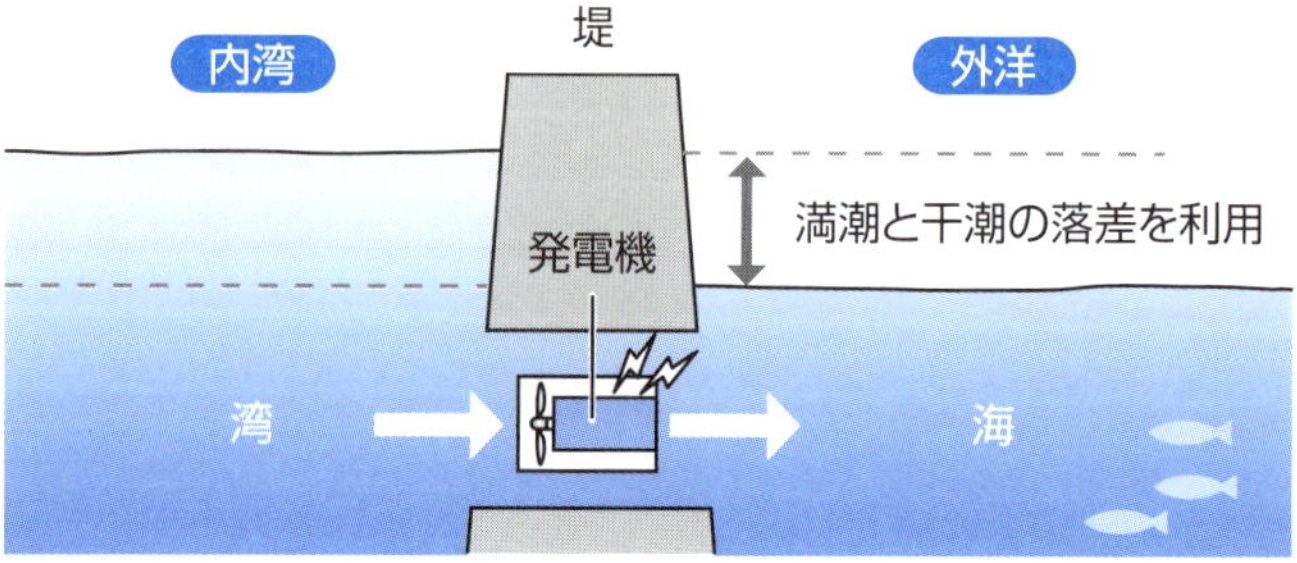

ここで水門を開くと、滞留した海水は湾外に流れ出ようとし、水門に設置されたスクリューを回転させ発電機を回転して発電することになります。工事は大変でしょうが、アイデアは単純明快です。問題は、この模式図のように干満の差が大きく、かつ湾口が適当な大きさの湾があるかどうかということに尽きます。

既存の施設としては、世界最初の潮汐発電所として知られるフランスのランス発電所（出力24万kW）や、ノルウェーのクバルスン発電所（70万kW）などが知られています。日本でも有明海の一部では、干満の潮の差が6ｍに達することから、潮汐発電の可能性があると言われます。しかし、漁業や農業への影響はもちろん、環境に対する影響が大きいことから、実現には問題があるようです。

●フランスのランス発電所

SECTION 29

波力発電

潮の干満のような大規模な動きではなくとも、海には波（波浪）があります。数十センチの高さにしろ、海水が休むことなく上下しているのです。このエネルギーを積算したら、大変なエネルギーになるはずです。

波力発電の原理

波力発電は、海水面に現れる波（波浪）を利用した発電です。潮汐《ちょうせき》のエネルギーに比べれば波のエネルギーは、微々たるものでしょうが、数時間に1回しか起こらない潮汐現象に比べて波は、常時絶え間なく起こっている現象であり、積分すればすごいエネルギーとなります。

図は波力発電の模式図です。原理は風力発電のようなものです。すなわち、適当な円筒内で波が上下すれば、それによって円筒内の空気が円筒を出入りし、「風」が起こることになります。この風を利用して発電機のタービンを回すのです。

仕組みも細かいですが、発電量も小さいです。現在では、海上でのブイの電力供給などに利用されていますが、可動部分があるため、故障の可能性があります。そのため、可動部分が無く、故障の可能性が低い太陽電池に席巻されているのは残念なところです。

小エネルギーの利用

現代のエネルギー工学は、大量エネル

●波力発電の仕組み

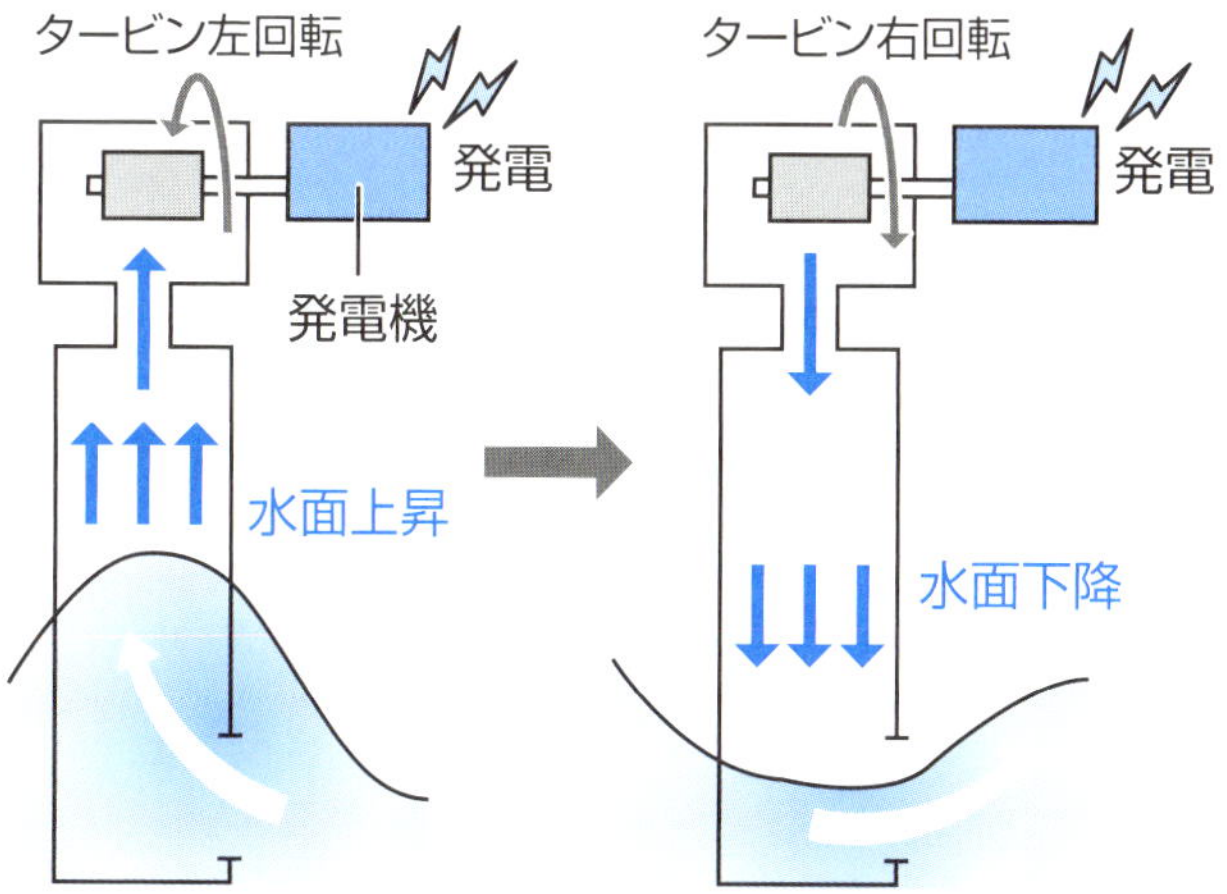

ギーの利用には長けていますが、少量エネルギーの利用には疎いところがあります。これは波力発電に限りません。

熱エネルギーの利用でも似たような面があります。すなわち、超臨界水のような温度差の大きい熱を利用することはできても、火力発電所の温排水のような、温度差の小さい熱を上手に利用することはできていません。

原子力発電所でも、原子炉から出る数百度の熱は水蒸気発生のために利用しますが、タービンを回した後の数十度の温水は、海水で冷やして捨てているだけです。もったいない限りです。

この温水のエネルギーは、まだ有効に活用されていません。熱はたとえ何℃であろうとエネルギーです。有機物には数十℃で気化し、体積を数百倍に膨張するものがたくさんあります。スチームは水だけが作るものではないのです。エーテル、アセトン、フロンなど有望な物質が目白押しで出番を待っています。

最近は、さまざまな低温エネルギーの利用が研究されていますが、エネルギーはもっと大切に使わなければなりません。

SECTION 30

海洋温度差発電

深さによって温度が変わるのは地殻だけではありません。海洋水も同じです。海洋水が海流を作って海面を巡回しているのはよく知られたところです。日本近海でも水温の高い暖流の黒潮と、水温の低い寒流の親潮が流れています。黒潮は年によって海流海域を変え、それによって日本の気候が大きな影響を受けるのはご存知の通りです。

海水の垂直循環

海洋水の循環は、このような平面的なものだけではありません。海水は水直方向にも循環しているのです。つまり、海面の水は、いつか深い海底に沈んで眠りにつき、深い海底の海水は、いつか海面に来て太陽の光にさらされているのです。

深層大循環と呼ばれる海水の循環があります。これは海水の垂直方向、すなわち上下方向の循環です。海洋表面を流れた海水はグリーンランド沖で海底深くもぐり込み、海底を巡回した後、インド洋とベーリング海で再び表面に浮かび出ます。

この様な垂直方向の循環は、図に示したように他にもいくつか知られています。この海水の移動速度は大変遅く、深海では毎日10㎞程度、上昇と下降の速度は毎日1㎝程度であり、約500年かかって2000m以深の海水が入れ替わると言われています。天文学的ではありませんが、魚や人間にとっては結構な長時間です。

このようなことによって海水の温度は深さによって変化し、赤道付近の海面で26℃、水深500mでは7℃、つまり温度差20℃近くとなっています。

●深層大循環

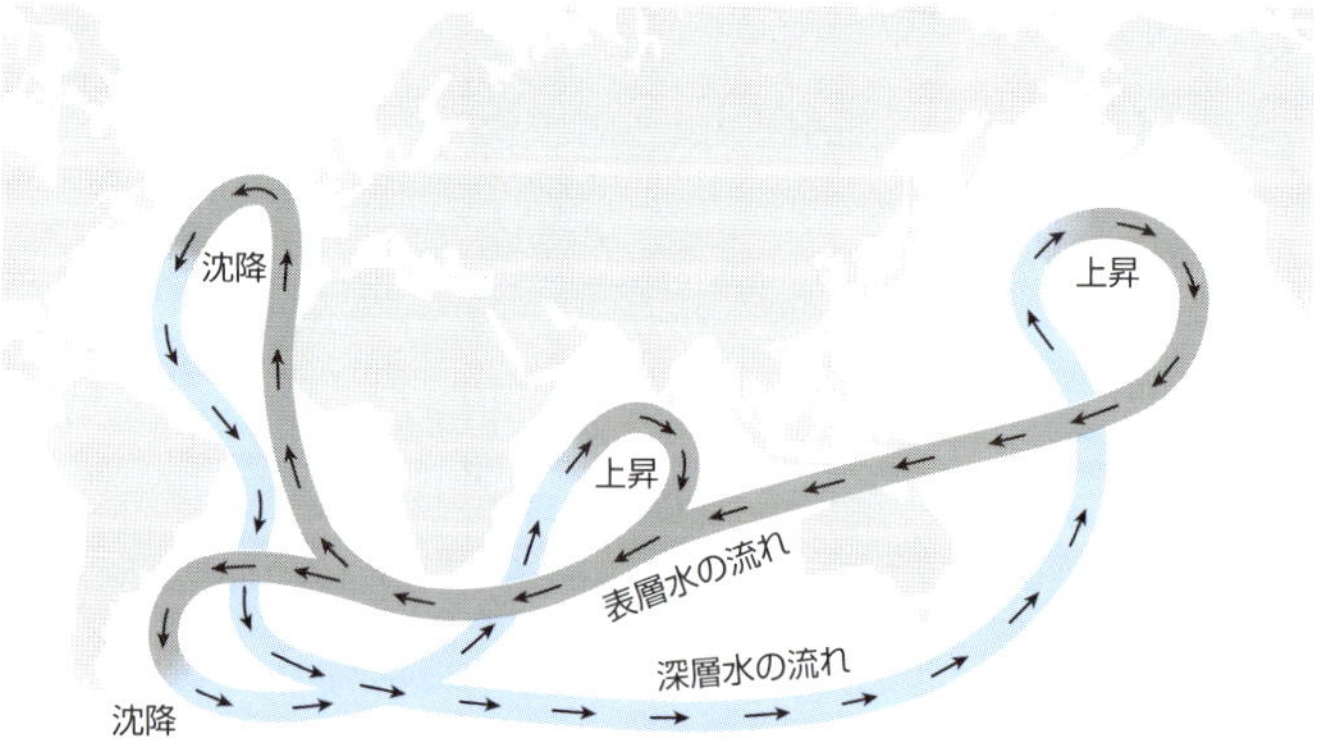

海洋温度差発電の仕組み

この温度差を利用して発電しようというのが海洋温度差発電です。装置の模式図は示した通りです。すなわち沸点20℃程度の適当な溶媒をポンプで海底に送って冷却します。それを海面に送ると、海面の高温（26℃）で溶媒は気化して気体となります。この際の体積膨張を利用して発電機を回すのです。水蒸気の圧力で発電機を回すのと同じことです。

仕事を終えた気体状態の溶媒は、再びポンプで海底に送られて冷やされて液体となるという訳です。つまり、この発電は小さな温度差を利用しての発電であり、前項で指摘したことを生かすことによって成り立つ発電システムなのです。ということは、このシステムを利用すれば、今まで役に立たないとして棄てられていたエネルギーも利用することができることを意味するものです。

●海洋温度差発電の仕組み

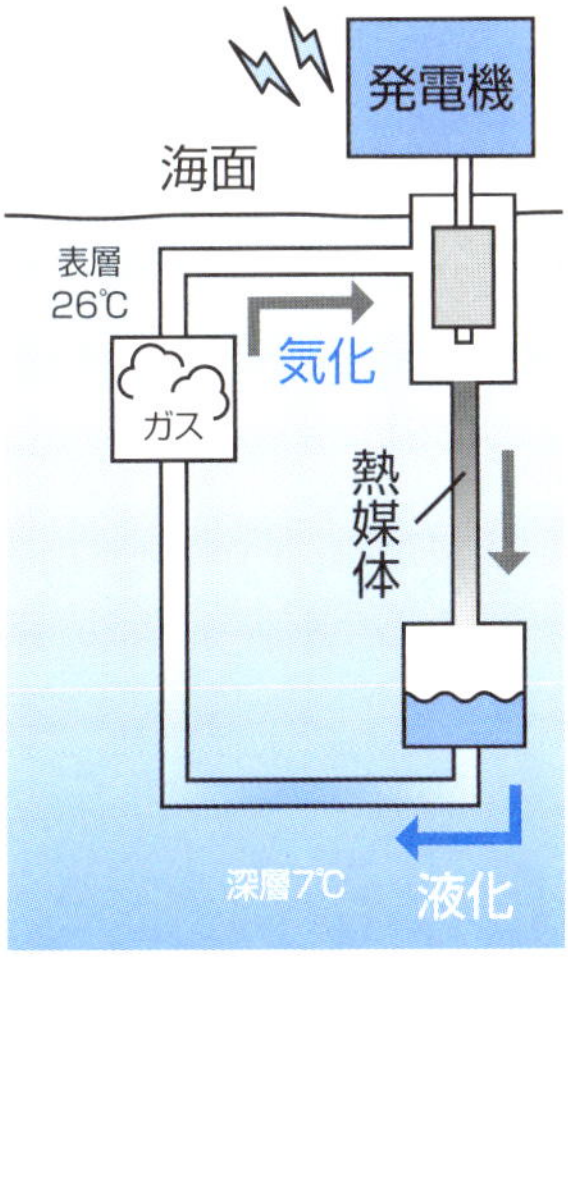

SECTION 31

排熱発電

前項に見た海洋温度差発電は、わずか20℃足らずの温度差を利用して発電しようというものでした。この程度の温度差ならば、私たちの身の周りにたくさんあります。これを発電に利用できるとしたら画期的な話しではないでしょうか?

排熱発電

このような熱の温度差を利用した発電方法の案として排熱発電があります。温度差の大規模なものとして、原子力発電所の冷却水があります。火力発電所や一般工場のボイラーの冷却水も同じです。小規模のものならレストランの厨房の排熱や一般家庭のお風呂のお湯だって同じです。このような熱は一般に排熱として、不要の厄介者として環境に捨てられていました。

しかし、たとえ排熱とは呼ばれても貴重な熱エネルギーであることに変わりはありません。ということで、電力不足の最近になって、このような低温熱エネルギーの見直しが始まろうとしています。

私たちは、エネルギーインフレ時代を過ごしていたように思えます。エネルギーの大量生産、大量消費の時代です。現在は、そのツケが回ってきたようなものでしょう。

これからは小規模エネルギーの積み上げのような地道な努力が求められるのかもしれません。もったいないの精神を忘れたくないものです。

●排熱発電の活用

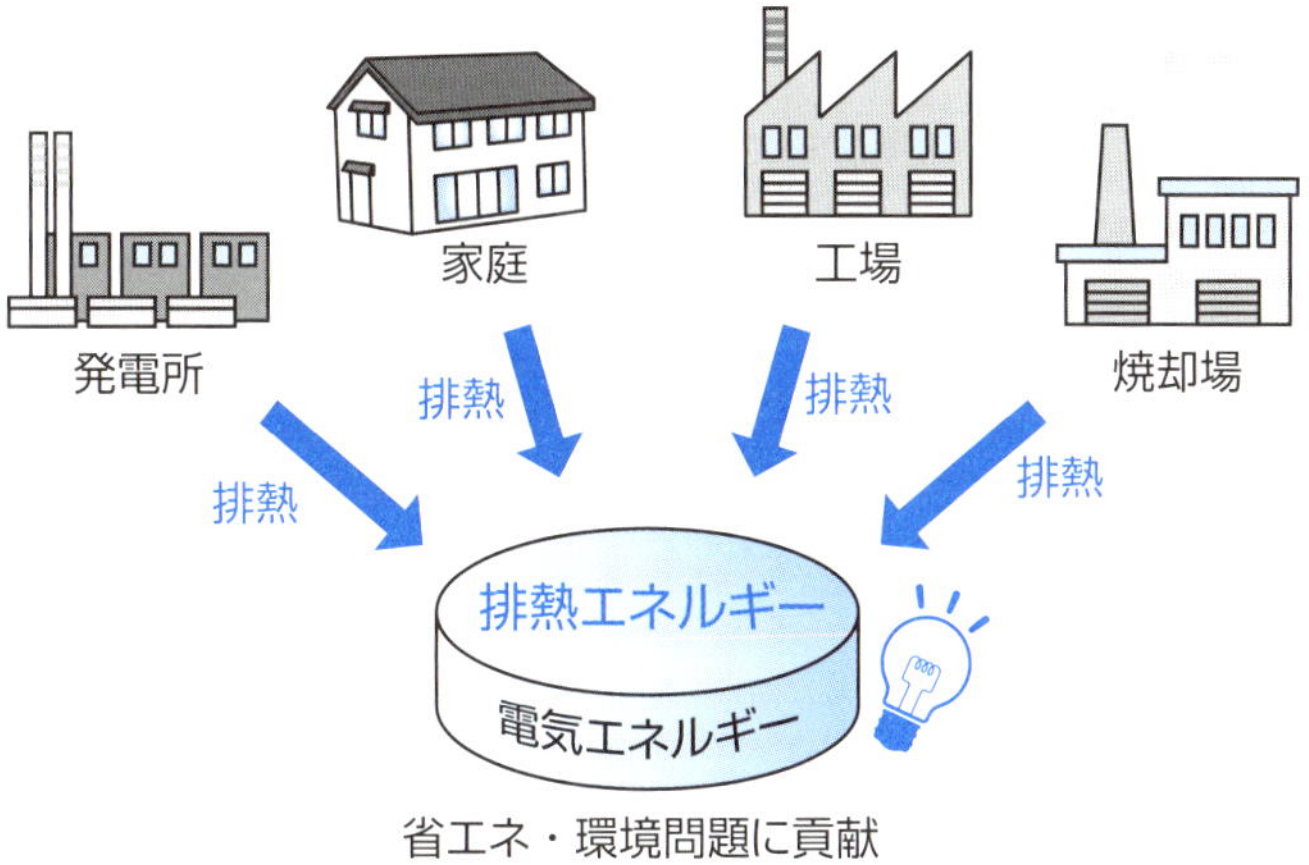

省エネ・環境問題に貢献

SECTION 32

雑踏発電

雑踏のエネルギー

街は騒音と振動で溢れています。大きな街では、毎日何万人という人が駅や繁華街の周りを歩き回ります。私たちは、歩く都度一歩毎に大地に踵を着き、指を返して大地を蹴ります。このエネルギーはすごいものです。車道では、溢れるほどの車が1トン以上の重さの物体を、道路上を移動させます。つまり、通行人が歩き、自動車が走るということは、道路に大きな荷重、重力エネルギーを与えているのです。これを発電に利用することはできないかと考えたのが雑踏発電です。

雑踏の振動エネルギーを電気に変換する方法は簡単です。電気信号を振動に変えて音を出すスピーカーの原理を逆に利用するだけです。つまり、圧力が加わると電気が発生する「圧電素子」を利用して、受けた振動で電気を発生させるのです。

雑踏発電の現実

残念ながらこの方法では、極めて微弱な電力しか得ることが出来ず、コストに見合わないようです。中央環状線を用いた実験によれば、60×30㎝の大きさのユニットを10台設置して得られる電力はわずか0・1Whでした。一週間充電し続けたとしても、20W電球を一時間弱しか点灯させることができない発電量と言います。

しかし、今後の技術開発によって発電能力を100倍程度にすることは可能であり、その場合、首都高のトンネル以外の高架部分約235㎞全てに発電ユニットを設置したとすると、東京23区約400万世帯の使用電力の約40%をカバーできる計算になると言います。他にも交通量世界一の渋谷スクランブル交差点ハチ公前広場全体に約4000基の発電ユニットを設置すれば、一般家庭40軒分450kW(仮定)の発電が可能ということがわかりました。

しかも、圧電素子の寿命は長いため、いったん設置すれば、長期的にコストは低減していくと考えられます。もちろん環境にも優しいため今後の開発が望まれる技術開発と言えるでしょう。

SECTION 33

雪氷熱エネルギー

チラチラ降る雪は美しいものですが、ドカンと降って春まで溶けない雪は住民にとっては困りものです。しかし、その雪の溶ける雪解け水は、渇水期の川に流れて田を潤し水力発電のダムに溜まってエネルギー源になってくれます。

雪氷エネルギーの古典的利用

最近は、この雪や氷の冷たさをエネルギー源として考えようとの研究が進んでいます。冷たい雪氷《せっぴょう》に雪氷熱というのは変に聞こえるかもしれませんが熱をエネルギーと置き換えて考えればわかるでしょう。

CO_2排出問題、環境意識の高まりとともに、本来「ゴミ」として処分しなければならない雪の冷却能力が、再生可能エネルギーの1つとして注目されているのです。

雪の多い地方では、野菜などの農産物を雪に埋めて天然の保存庫として利用してきました。雪は適度な湿度を保っているため、乾燥しがちな冷蔵庫と違って野菜の冷却保存に最適だったのです。

また、冬の間に雪を氷室に集め圧縮して保存すると春には硬く固まり、切り出したものは、その後、夏まで天然の冷却材として各種さまざまな用途で使われています。

雪氷エネルギーの新しい利用法

最近、雪氷エネルギーをもっと広い用途に用いようとの試みがなされていま

●雪氷エネルギーの活用例

雪室・氷室
倉庫に雪を貯め
その冷熱で野菜などを貯蔵

雪冷房・冷蔵システム
倉庫に雪や氷を貯め
その冷熱を循環させて
冷房などに利用

アイスシェルター
氷を冷熱源とし
冷房や冷蔵に利用

人工凍土システム
貯蔵庫の周辺を
人工的に凍土状態にし
その冷熱を利用

す。その例を見てみましょう。一般に雪を使った冷房は、空気中の塵、塩分などの不純物を吸収しやすく、自然な冷却風を得る事ができると言われます。

❶冷水循環式雪冷房
強制的に雪を解かし、その融解冷水を冷熱源としてポンプで強制循環させる冷房

❷全空気循環式雪冷房
雪の貯蔵庫を作り、そこの冷気をファンで強制循環させる冷房

❸自然対流式（氷室方式）
居室に接した部屋を氷室として雪を溜め、その冷気で冷房

❹雪山冷水循環式
融雪水で冷却対象を直接冷却

SECTION 34

その他のエネルギー

これまでに実用化に向けて進んでいる新しい再生可能エネルギーについて見てきましたが、その他にも、今までにない新しいコンセプトのエネルギーがありますので、いくつか見てみましょう。

半導体エネルギー

その他のエネルギーとして、半導体を用いると熱と電気エネルギーを直接交換することができます。これは太陽電池が光エネルギーを直接、電気エネルギーに変換し、ＬＥＤや有機ＥＬが電気エネルギーを直接、光エネルギーに変換するのと同じことです。

ペルティエ効果

２種類の金属を接合した素子を発明者の名前をとってペルティエ素子と言います。これは、半導体の一種です。この素子に電流を流すと、片方の金属からもう片方へ熱が移動します。これをペルティエ効果と言います。つまり、この板状の半導体素子に直流電流を流すと、一方の面は吸熱して冷たくなり、反対面で発熱が起こります。電流の極性を逆転させると、その関係が反転します。

これを利用すると小型で振動が無く、しかも完全無音の冷蔵庫を作ることができます。自動車搭載用、ホテル仕様、あるいは医療用などの冷蔵庫として使用されています。

●ペルティエ素子

ただし、欠点もあります。それは移動させる熱以上に、素子自体の放熱量が大きいため、電力効率が悪いということです。また、吸熱側で吸収した熱と、消費電力分の熱が放熱側で発熱するため、ペルティエ素子自体の冷却が大変であるというのが、冷却手段として広く普及しない理由となっています。

ペルティエ素子のもう1つの能力は、素子に熱を加えると電力が生じることであり、これはゼーベック効果と言われます。

金属エネルギー

再生可能というわけではありませんが、少なくとも化石燃料のような二酸化炭素やNOx、SOxを発生しないエネルギーとして、最近、金属の発生するエネルギーが注目されています。

一般に金属は燃えないというイメージがありますが、それは間違いです。多くの金属は燃えます。鉄だってスチールウールを酸素の入った広口瓶に入れ、マッチで火を着けたら激しく燃えます。学校の理科の実験で行った人もいるでしょう。これはウールにすることによって表面積が大きくなり、酸素に触れる面積が多くなっただけのことで、鉄が特別の状態になったわけではありません。このように、多くの金属は燃えます。

それだけではありません。多くの金属は常温あるいは高温で水と反応して熱（エネルギー）と水素ガスH_2を発生します。

洗面器などに水を張り、米粒ほどのナトリウム金属を入れると、水より軽いナトリウムは水面をチリチリという音を発して動き回り、ボンッという爆発音と火花を発して消えます。危険な実験ですが、これはナトリウムが水と反応して水素ガスH_2とともに熱を発し、その熱によって水素ガスが爆発したことによります。

福島第一原発事故で起きた水素爆発は、使用済み燃料の被覆体であるジルコニア（ジルコニウムZr合金）が高温で水と反応して水素を発生し、それに火が着いて爆発したものです。

熱は立派なエネルギーです。そして、水素は水素燃料電池の燃料で

●ナトリウム金属と水の反応

$$2Na + H_2O \longrightarrow Na_2O + H_2$$

あり、昔は都市ガスの成分として各家庭に配られていたものです。つまり、金属と水との反応は、エネルギーを生産した上に、新たな燃料(H_2)まで生産するという、次のChapter.7で紹介する魔法の原子炉、高速増殖炉のようなものなのです。

現在、研究されているのはマグネシウムMgと水の反応です。実用化も近いものと思われます。

爆鳴気エネルギー

爆鳴気とは、一般に2種類の気体を反応量に混合した気体のことを言いますが、一般には水素H_2と酸素O_2の2：1混合気体を言います。これに火が着いたのが水素爆発であり、轟音とエネルギーが発生します。大変に危険な気体です。

ところで、水を電気分解すると水素と酸素が2：1の比で生成されます。要するに爆鳴気が発生します。これでは危険なので、水の電気分解を行う時には、陽極と陰極を隔離し、陽極室には酸素のみ、陰極室には水素のみが分かれて溜まるようにして、両気体が混じらないように注意します。

ところがある条件下で水を電気分解して生じた爆鳴気は、火を着けても爆発せず、普通のガス（都市ガスの天然ガス）と同じように定常燃焼し、しかもその火力が大変に強いと言います。

この気体の組成を調べると水素と酸素の他に水のクラスター（会合体、集合体）が混じっていると言います。水のクラスターとは数個または数十個の水分子が水素結合で結合した集合体のことです。

この気体の安定化には、水のクラスターが何らかの働きをしているのでしょうが、詳細はまだ不明と言います。確立したように見える既存の技術の中にも隠れた可能性があるという例です。このような例は他にもあるかもしれません。隠れた優れたエネルギー源がたくさんあるのかもしれません。

Chapter. 7
原子力発電

SECTION 35

原子とは

原子力発電とは、原子核のエネルギーを取り出し、そのエネルギーで発電機を回して電力を発生する装置です。その原理と方法論は一見したところ、素人の踏み込む余地の無いほど複雑で精妙です。しかし、その根本原理を理解すれば、これほど単純明快な世界も無いほどです。だから科学的と言えるのでしょう。

原子力発電は、原子核のエネルギーを利用するものです。従って原子力発電の原理を知るためには原子核や原子の構造を知っておく必要があります。

物質と原子と分子

人の体を含めて身の周りの物質、さらには月、太陽、星、星雲などという私たちが目にし、実感する宇宙は全て原子という微小粒子からできています。

原子は水素H、酸素O、ウランUなど元素記号という記号で表されます。原子は何個かが結合して分子という複合粒子を作ります。例えば、水の分子は1個の酸素原子O)と2個の水素原子Hからできているので、これをH_2Oと表します。このように分子を構成する原子の種類と個数を表した記号を分子式と言います。

宇宙に存在する分子の種類は無限と言ってよいほど多いですが、その分子を作る原子の種類は驚くほど少ないです。地球上に安定に存在する原子は、最も小さい水素原子から最も大きいウランUまでのおよそ90種類に過ぎません。

原子の構造

原子は雲でできた球のようなものです。雲のように見えるのは電子雲であり、複数個の電子(記号e)でできています。電子の質量(重さ)は無視できるほど小さ

●原子の構造

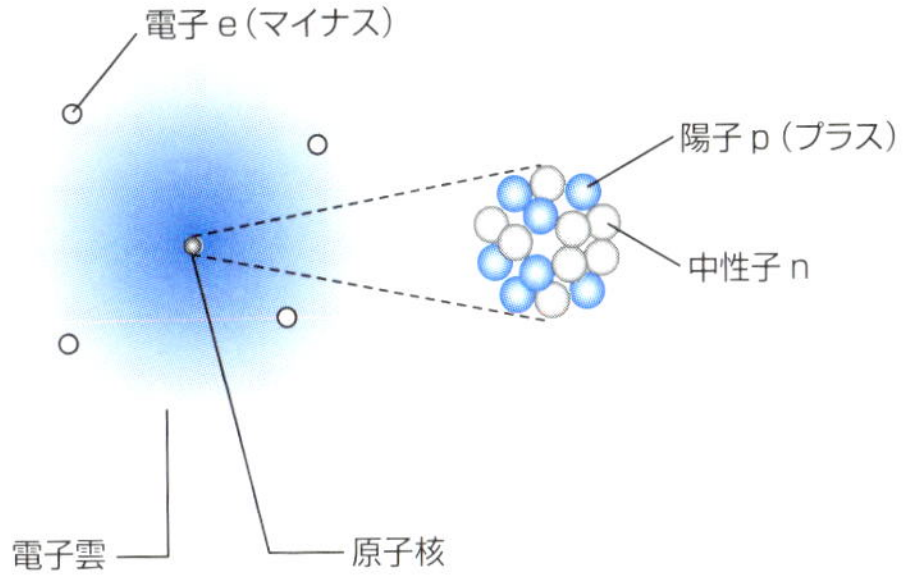

いですが、－1（単位）の電荷を持っています。電子雲は原子の化学的な性質や反応性を支配するもので、化学反応には決定的な影響力を持ちます。

　原子の大きさは原子によって異なりますが、直系は概ね10^{-10}m（0・1nm）のオーダーです。これは原子を拡大してピンポン玉の大きさにしたとすると、同じ拡大率で拡大したピンポン玉は地球ほどの大きさになることを意味します。

　電子雲の中心にある小さくて重い（比重が大きい）粒子が原子核です。原子の直径はおよそ10^{-14}mであり、原子の1万分の1です。これは原子を、東京ドームを2個張り合わせた巨大ドラ焼きとしたら、原子核はピッチャーマウンドに転がるパチンコ玉ほどの大きさにしかならないことを意味します。

　しかし、原子のほとんど全ての質量は原子核にあります。そのため、原子核の密度は1立方センチメートル当たり

●原子の大きさ

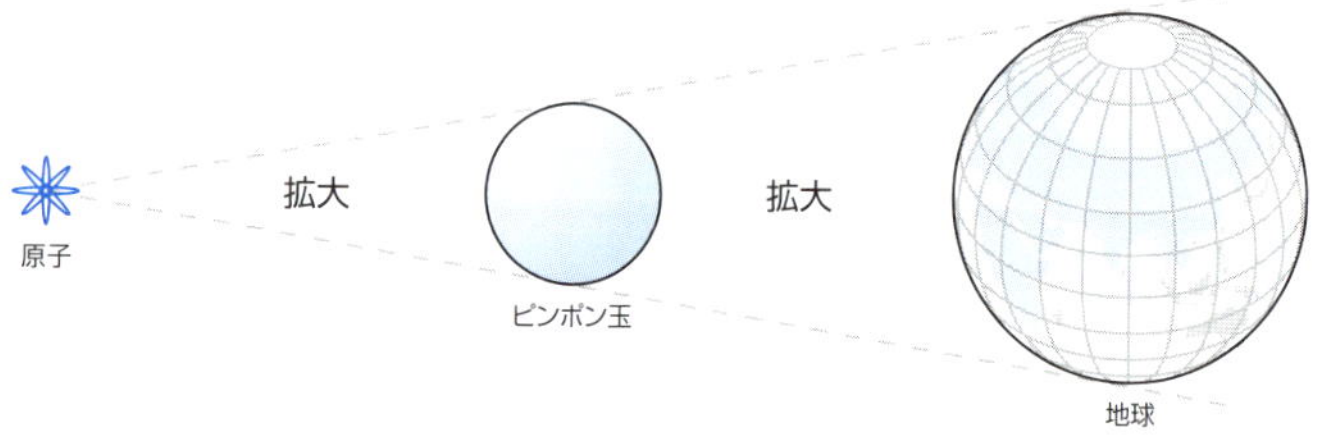

3×10^{14}g（3億トン）というとんでもない重さになっています。

原子核を作るもの

原子核は究極の粒子ではありません。原子核は、さらに分解することができるのです。原子核を作る粒子は2種類あり、それは陽子（記号p）と中性子（n）です。陽子と中性子の質量はほぼ等しく、これを質量数1と表現します。

しかし、電荷は異なり、陽子は+1（単位）の電荷を持ちますが、中性子は電気的に中性です。通常の原子は、電子と陽子の個数が等しいため、電気的に中性となっています。

原子を構成する陽子の個数を原子番号（記号Z）、陽子と中性子の個数の和を質量数（A）と言います。ZとAは、それぞれ元素記号の左下、左上につけて表す約束になっていま

●元素記号

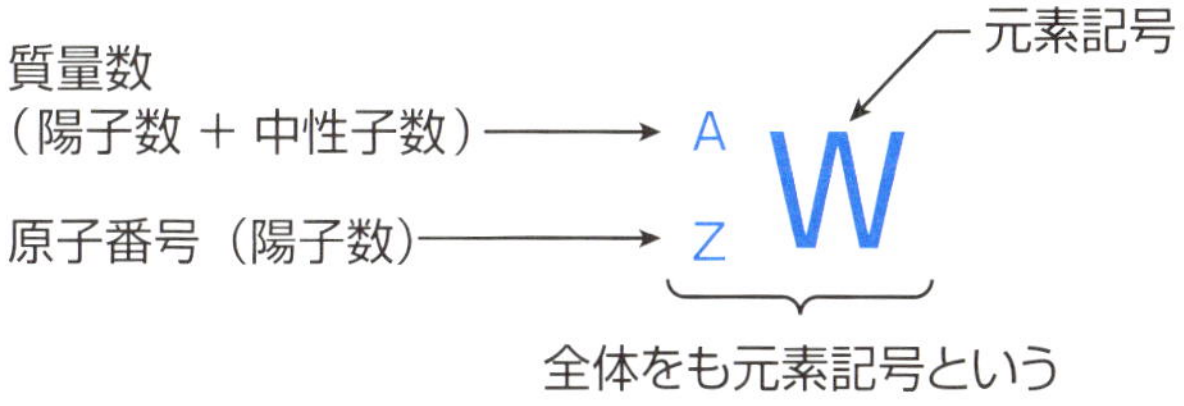

す。原子は原子番号に等しい個数の電子を持ちます。したがって原子番号の等しい原子は化学的に等しい性質を持つことになります。

同位体

原子の中には、陽子の個数は等しいが、中性子数の異なるものがあります。これは原子番号Zが同じで質量数Aが異なることを意味し、このような原子を互いに同位体と言います。同位体は電子数が等しいため、互いに化学的性質は全く等しいのですが、質量に関係した物理的な性質、及び、原子核の反応性が大きく異なります。

水素には、中性子数が0個の^{1}H（軽水素）、1個の^{2}H（重水素、記号D）、2個の^{3}H（三重水素、記号T）の3種の同位体があります。自然界においては、同位対の存在割合は等しくなく、多くの

●同位体

元素名	水素			炭素		酸素		ウラン		プルトニウム	
記号	^{1}H (H)	^{2}H (D)	^{3}H (T)	^{12}C	^{13}C	^{16}O	^{18}O	^{235}U	^{238}U	^{239}Pu	^{244}Pu
陽子数	1	1	1	6	6	8	8	92	92	94	94
中性子数	0	1	2	6	7	8	10	143	146	145	150
存在比 %	99.98	0.015	ごく微量	98.89	1.11	99.76	0.20	0.72	99.28	trace	100

場合、どれか1種の同位体の存在割合が飛びぬけて多いことがほとんどです。水素の場合には^{1}Hの存在割合が99・8%と圧倒的に多くなっています。

原子炉の燃料となるウランでは、質量数238の^{238}Uが99・3%であり、^{235}Uは0・7%に過ぎません。しかし、原子力発電の燃料に使われるのは、この少ないほうの^{235}Uだけなのです。

^{238}Uは劣化ウランと呼ばれ、現在のところ、その比重の大きさ19・05（鉄の比重7・87）を利用して貫通力の大きい銃弾などに使われるに過ぎません。しかし、後に述べる高速増殖炉は、^{238}Uを燃料の^{239}Pu（プルトニウム）に変換する技術です。

SECTION 36

原子核のエネルギー

原子核には膨大なエネルギーが秘められています。このエネルギーを破壊的な目的で使ったのが原子爆弾であり、平和的な目的に用いたものが原子力発電所です。どちらも核分裂反応です。

しかし、原子核反応は核分裂だけではありません。太陽を光らしている核融合も核反応であり、人類はこれをエネルギー源にしようと、懸命の努力をしていますが、平和的な利用が実現するのは、まだまだ先のことのようです。残念ですが現在のところ、核融合反応の利用は、水素爆弾という破壊兵器だけです。

原子核の結合エネルギー

原子核は陽子と中性子からできていますが、この両者の間には結合エネルギーというエネルギーが存在します。図は、この結合エネルギーと原子の質量数（陽子と中性子の個数の和）の関係をグラフにしたものです。

これは、原子核の安定度を表わすものです。上部にあるものは高エネルギーで不安定であり、下部にあるものは低エネルギーで安定なのです。グラフは両端で大きくなっています。すなわち、水素Hのように小さい原子核も、ウランのように大きい原子核も共に高エネルギーなのです。極小は、質量数60近辺であり、鉄の同位体に相当します。

これは、水素Hやヘリウムエeのように小さな原子核を融合して大きな原子核にして

●原子核の安定度

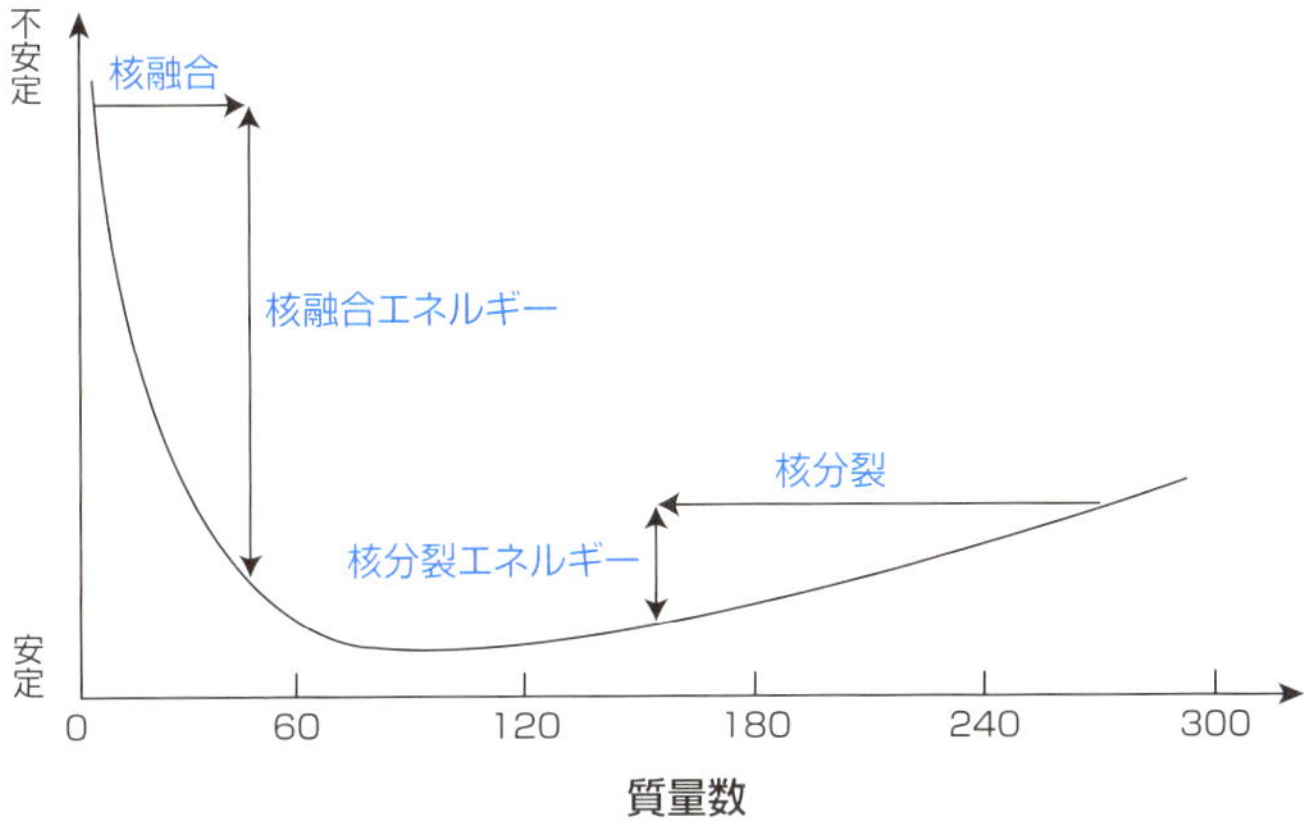

も、反対にウランUのような大きな原子核を壊して小さくしても、共にエネルギーが発生することを意味します。前者が核融合反応であり、後者が核分裂反応なのです。

核分裂反応

原子核は、エネルギーの宝庫です。その宝庫の扉を開く鍵は2つあります。1つは核融合であり、もう1つが核分裂です。核融合は星や太陽のエネルギーの源であり、人類も水素爆弾という破壊兵器で応用はしたものの、平和利用には、まだ至っていません。

しかし、核分裂は原子爆弾という破壊兵器に利用した後、原子力発電という平和利用に着々と実績を積み重ねています。この核分裂とは、どのような反応なのでしょうか。次項から詳しく見ていきます。

SECTION 37

原子炉の原理

現在の原子炉は、全て核分裂を利用したものです。しかし、核分裂は爆弾にもなる危険な反応です。これを原子炉として平和的に利用するには、どのようなノウハウがあるのでしょうか。原子炉を稼働させる原理を見てみましょう。

^{235}Uの核分裂反応

原子炉の燃料として利用されるのは、^{235}Uです。^{235}U原子核に中性子nが衝突すると、原子核は壊れて多数種類の放射性原子核と複数個の中性子に分裂し、

●放射性原子核

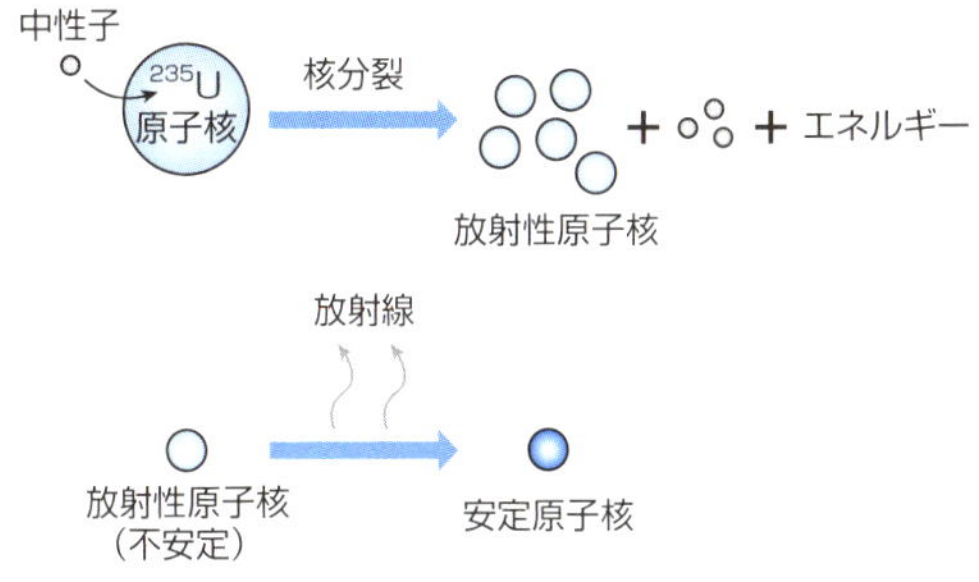

同時に膨大なエネルギー（核分裂エネルギー）を発生します。

放射性原子核は、不安定な原子核であり、α線、β線、γ線、中性子線など多種類の高エネルギー放射線を放出して安定な原子核に変化していきます。そのため、放射性原子核は非常に危険であり、その管理には厳重な注意が要求されます。

枝分かれ連鎖反応

^{235}Uが中性子との衝突で分裂すると、複数個の中性子が発生しました。簡単に説明するため、この中性子の個数を2個としましょう。この2個の中性子がそれ

●枝分かれ連鎖反応

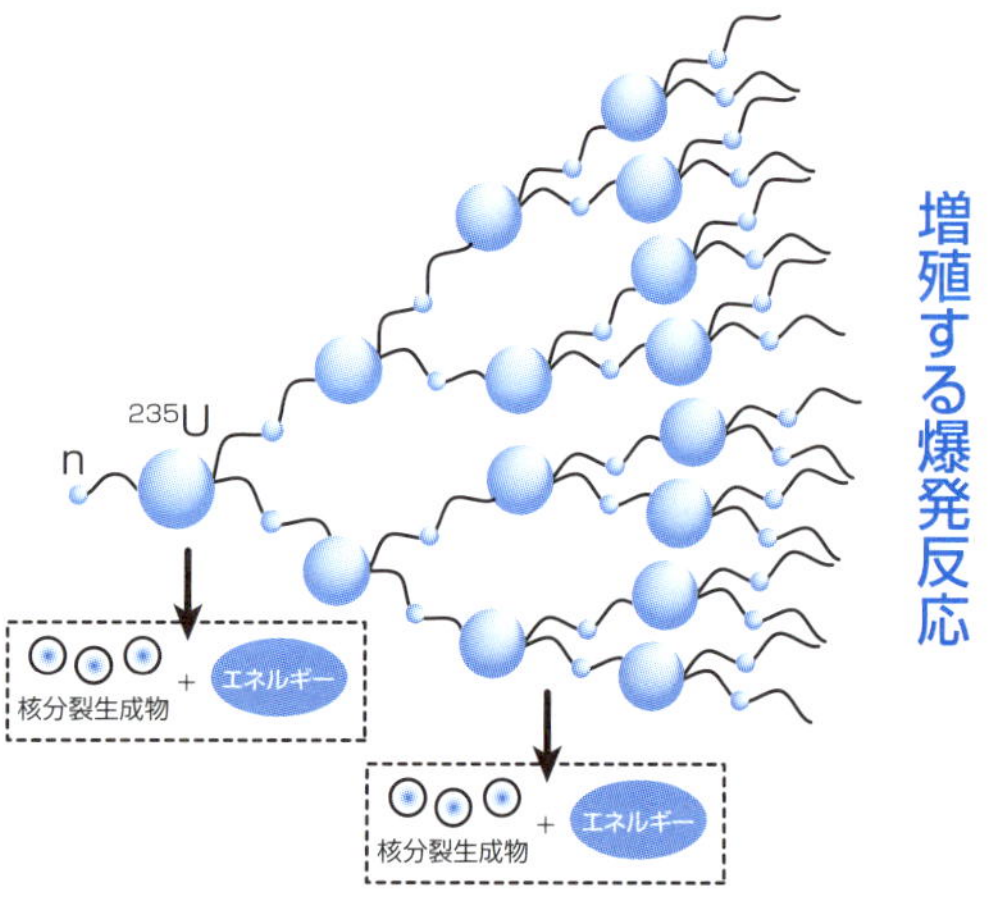

ぞれ^{235}Uに衝突すると、2代目の反応として核分裂し、それぞれが2個の中性子を放出するので、中性子数は4個となります。

同じような反応が繰り返されると中性子の個数は、2個、4個、8個、16個となり、それによって引き起こされる反応は、ねずみ算的に拡大していきます。このような反応を「枝分かれ連鎖反応」と言います。枝分かれ連鎖反応の行く先は爆発であり、これが原子爆弾なのです。

ちなみに、もし発生する中性子が1個だけなら、反応は継続しますが、反応の規模は一定のままです。このような反応を「定常連鎖反応」と言います。原子炉で行われる核分裂反応はこのような反応です。

●定常連鎖反応

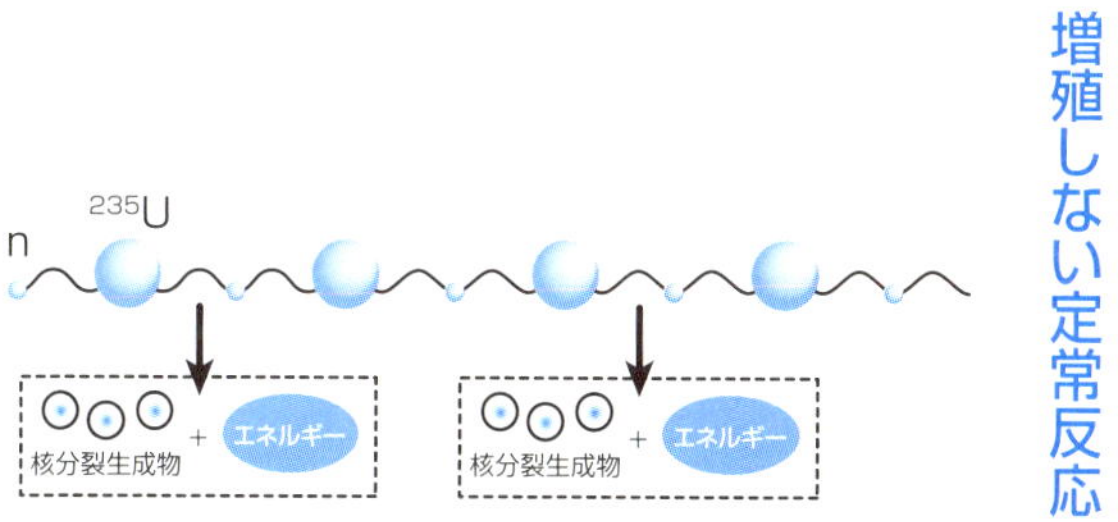

臨界量

^{235}Uは放射性であり、自然界にあるときにも核分裂を起こして自分自身で中性子を放出しています。このような^{235}Uが核爆発を起こさず大人しく地中に眠っているのはなぜでしょうか？

^{235}Uの小さな塊（ウラン塊）では、核分裂で発生した中性子は、次の原子核に衝突しようとウロウロしている間に、ウラン塊の外に飛び出してしまいます。すなわち、ウランの塊が小さいと衝突の確率が小さすぎて連鎖反応に至らないのです。

しかし、ウラン塊がある程度の大きさになると話は違います。中性子はウロウロした甲斐があって、原子核を射止めて爆発します。すなわち、ウラン塊がある程度の大きさになると、^{235}Uは黙っていてもひとりでに核分裂

●臨界量

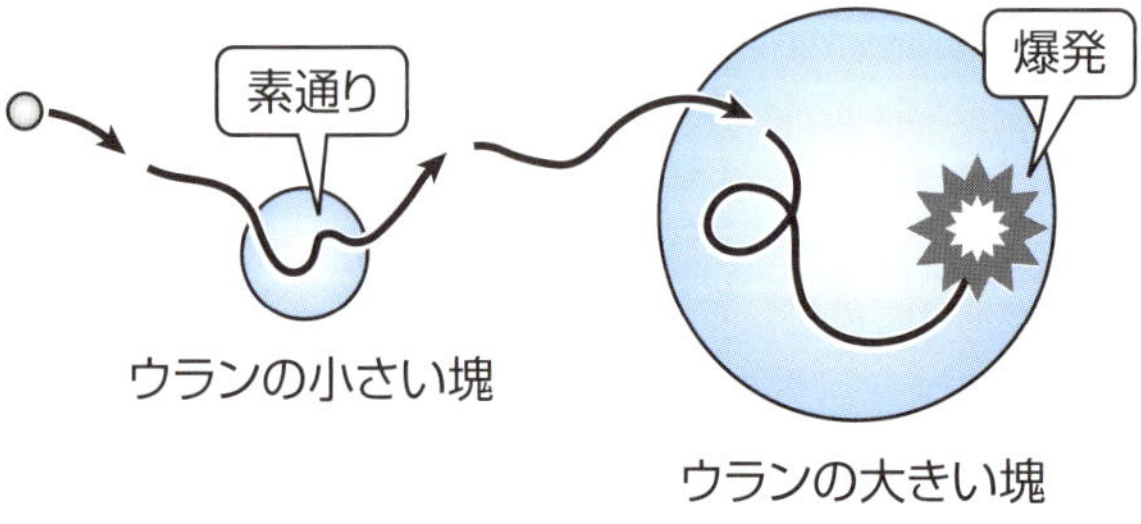

反応を起こすのです。この量を臨界量と言い、原子核反応では、忘れてはならない量と言われています。

原子爆弾

原子爆弾の原理は簡単です。半世紀ほど前、アメリカのマサチューセッツ工科大学の初等学年の学生が、夏休みの自由研究として原子爆弾の設計図を作成して提出しました。驚いた教官が専門家に問い合わせたところ、間違いなく爆発可能とのお墨付きをもらい、2度驚いたとの話がありました。まだ、インターネットの無い時代です。政府や軍部が公開したデータだけを利用しての成果です。

原子爆弾は、簡単に言えば臨界量の^{235}Uを2つに分け、爆発させたいときに、これを化学爆薬で融合させればよ

●原子爆弾の原理

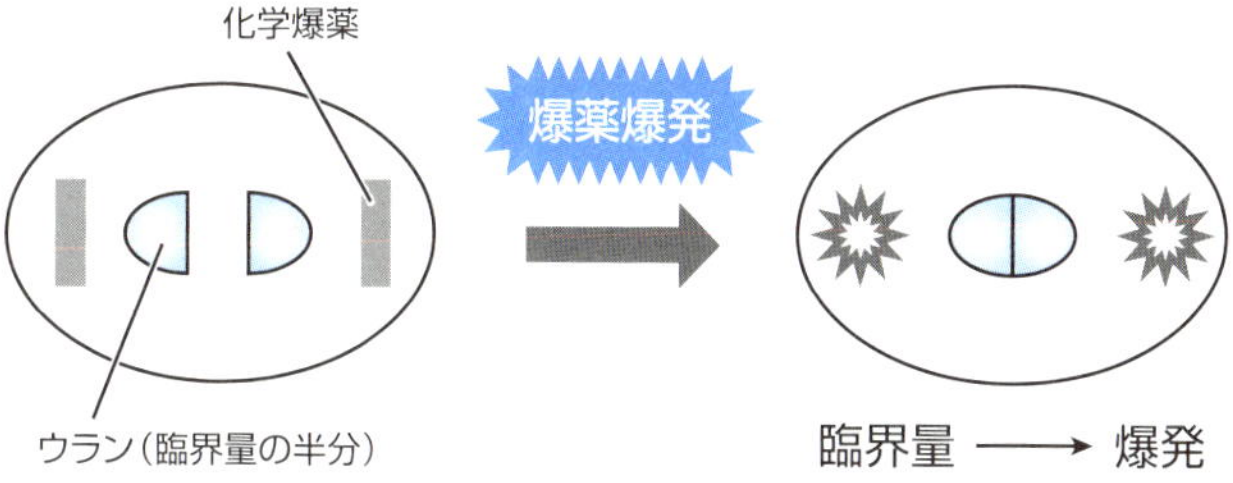

いだけです。後は、^{235}Uが勝手に爆発してくれます。したがって、実際に原子爆弾を作ることができるかどうかは、容器の設計製作ではなく、その容器に爆薬を入れて、^{235}Uを調達できるかどうかにかかっているのです。そのため、^{235}Uがテロリストなどの手に渡らないように、世界中が目を光らしているのです。

濃縮

天然にあるウランは、主に^{235}Uと^{238}Uの混合物であり、^{235}Uの割合は0・7%に過ぎません。効果的に核分裂を起こさせるためには、原子炉の場合で数%、原子爆弾の場合には、数十%にまで高める必要があります。この操作を濃縮と言います。同位体の化学反応性は全く等しいです。したがって、同位体を分離するには重さの違いを用いた

●ウラン

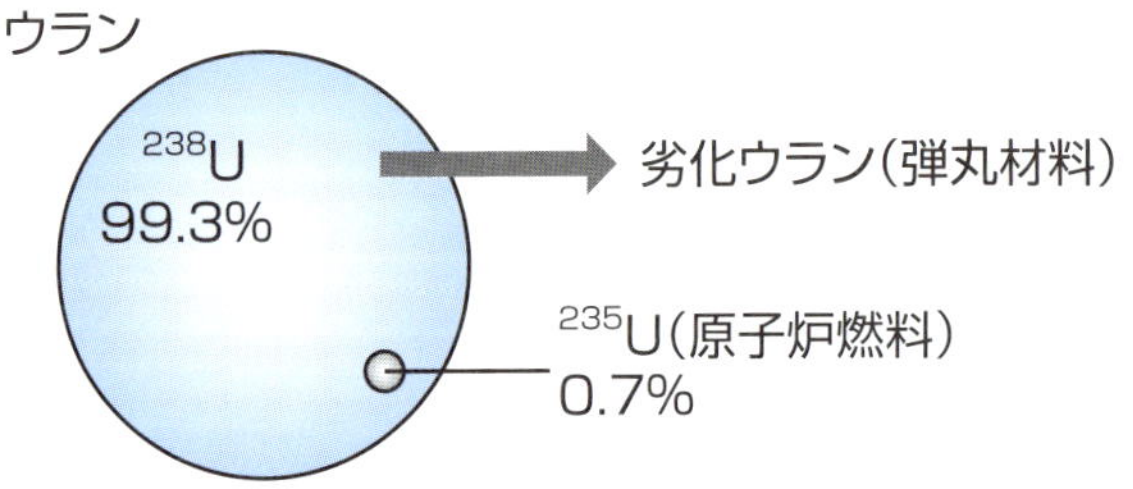

物理的な手段に頼らざるを得ません。

すなわち、ウランをフッ素Fと反応させて気体の六フッ化ウランUF_6にします。そして、この気体を遠心分離にかけるのです。重い$^{238}UF_6$は遠心分離機の外周部に、軽い$^{235}UF_6$は内周部に集まります。この内周部を取り出して、再度遠心分離にかけるという気の遠くなるような操作を繰り返すのです。

●六フッ化ウラン

$$U + 3F_2 \longrightarrow UF_6$$

U（固体）＋ $3F_2$ フッ素（気体）→ UF_6 六フッ化ウラン（気体）

●ウランの濃縮

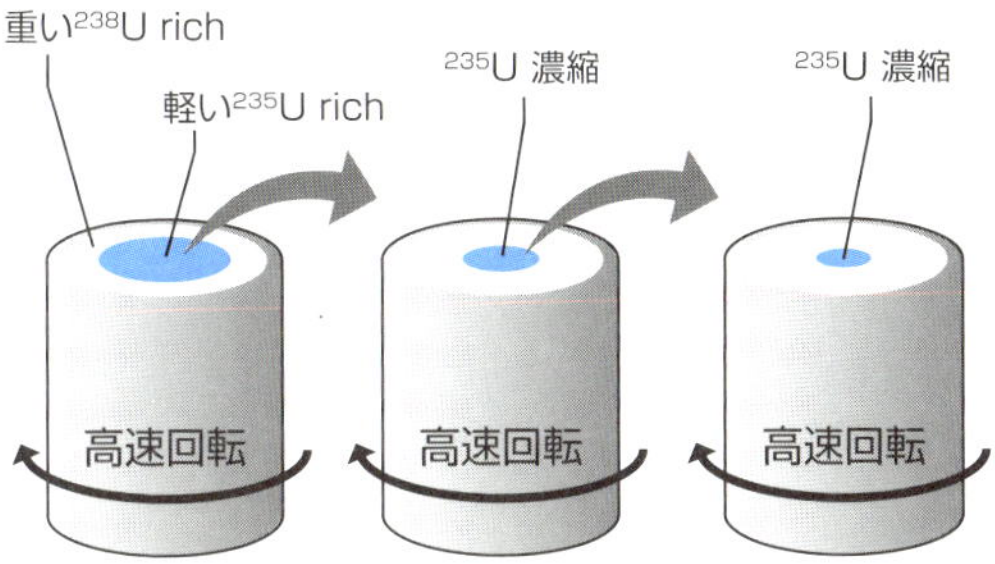

SECTION 38

原子炉の構造

原子炉は、^{235}Uの原子核分裂に伴って発生する原子核エネルギーを利用して発電を行う装置です。実際の原子炉は、どのようにしてできているのか見てみましょう。

原子炉と発電機

まず注意したいのは、原子炉は発電装置（発電機）ではないということです。原子炉は火力発電所のボイラーに相当する部分に過ぎません。原子炉は最高度の技術を結集した装置ですが、やっていることはボイラーと同じように水蒸気を作っているだけなのです。その水蒸気を利用して発電機を回して電気を作るのですが、その発電機は水力、火力発電用のものと原理的に同じものです。

原子炉の構造

図は、簡略化した原子力発電所の概念図です。原子炉と発電機が冷却材の入ったパイプで結ばれています。発電機は、火力や水力発電などに用いるものと原理的に同一です。この発電機を回転させるための熱エネルギーを生み出す発熱部分が原子炉となります。

原子炉の主な構成要素は、次の5つに分けて考えることができます。

❶圧力容器、格納器

原子炉は、放射線が外部に漏れ出すのを防ぐため、地震や火事などの災害から

●原子炉の間略化した構造

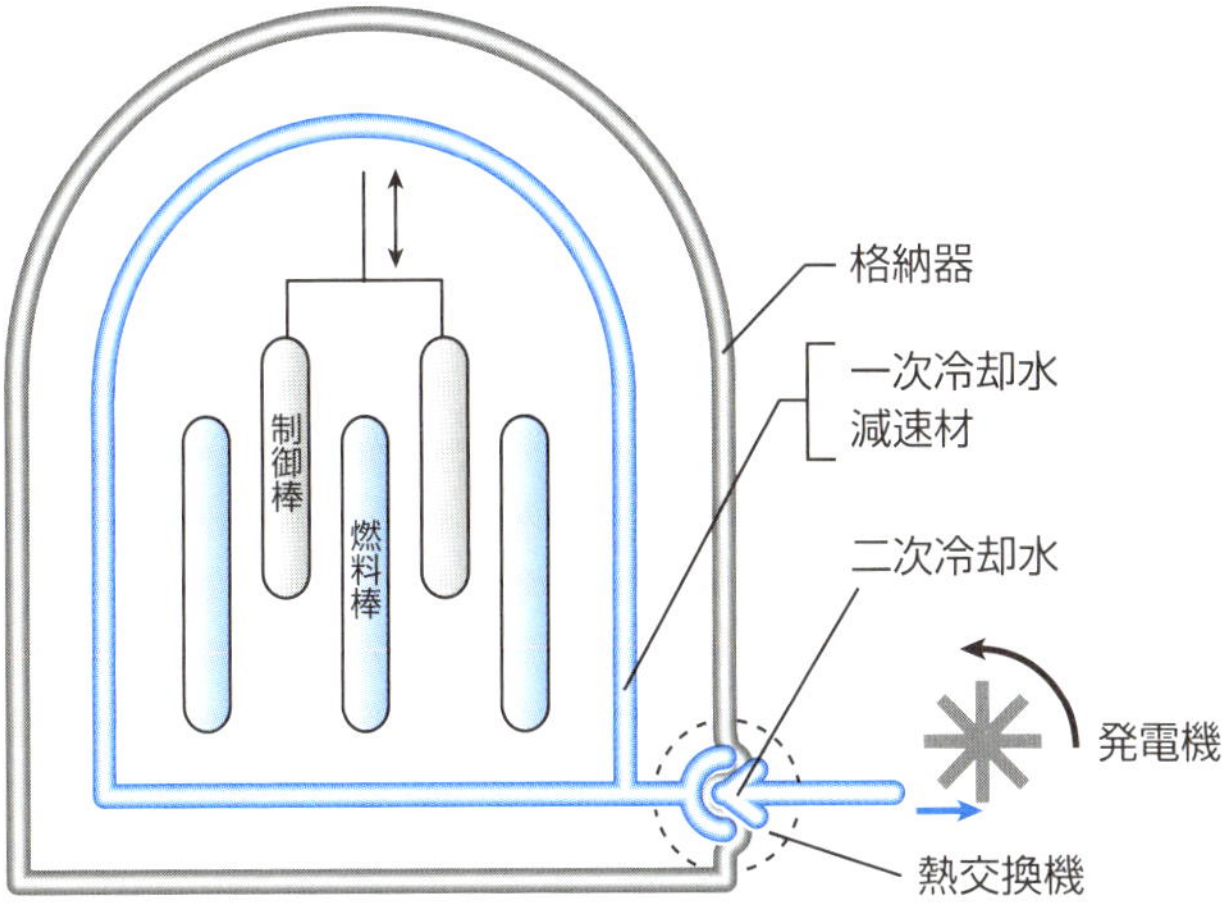

守るため、さらには、国によってはテロから守るために厳重な圧力容器の中に組み込まれ、さらに格納庫で覆われています。

❷燃料棒

^{235}Uの濃度を天然ウランの0・7%から数%に高めた濃縮ウランをペレットにし、何個かまとめたものです。

❸制御棒

原子炉で大切なのは、核分裂のエネルギーを小出しにするということです。一挙に噴出させるのは簡単ですが、それでは原爆になってしまいます。エネルギーを小出しにさせるためには、反応が拡大する枝分かれ連鎖反応を拡大しない定常連鎖反応に換えなければなりません。

そのために必要なことは、1回の核分裂で発生する中性子の個数Nを制御することです。Nが1以上ならば反応は拡大し、ついには爆発します。反対にNが1以下ならば、反応は収束し、火が消えます。連鎖反応が同じ大きさで連続するためにはN＝1でなければなりません。このための装置を制御棒と言います。

具体的には原子炉内の余分な中性子を吸収します。制御棒を原子炉内に深く挿入すれば多くの中性子が吸収されるのでNが小さくなり、原子炉の出力は落ち、反対に引き抜けば出力は上がります。

制御棒の材料にはカドミウムCd、ハフニウムHfなどが用いられます。

❹ 減速材

高速の中性子がウラン塊の中に飛び込んでも、あっという間に突き抜けてしまい、原子核に衝突する確率は小さくなります。そこで、核分裂を効果的に推進するためには高速中性子の速度を落として低速の熱中性子にする必要があります。

このための装置を減速材と言います。中性子は電荷も磁性も持っていないので、中性子の飛行速度を電磁気的な手段で制御することはできません。原始的ですが、衝突によるエネルギー授受で速度を落とす以外ありません。

そのためには、中性子を自身と同じ質量を持った物質に衝突させるのが効果的です。それは陽子、すなわち水素原子核です。

減速材には水素が用いられます。といっても水素ガスを用いるわけではなく、水素原子をふんだんに含む物質、すなわち水が用いられます。ただし、減速材には(軽)水のほかに重水(D_2O)、黒鉛(炭素C)なども用いられ、それぞれ軽水炉、重水炉、黒鉛炉などと呼ばれます。

平和的な民生用(軽水)か、原子爆弾の材料になるプルトニウムを作る軍需用(重水、黒鉛)かなど、目的に応じて使い分けられます。なお、日本の原子炉では全て軽水炉が用いられています。

❺冷却材

冷却材は、原子炉の熱を発電機に伝えるための熱媒体で材料は水です。すなわち、軽水炉では、減速材と冷却材は同じものなのです。

原子炉の稼働

以上が原子炉の大まかな構造と機能です。原子炉の中に燃料棒を何本も挿入していくと、やがて臨界に達し、^{235}Uが連鎖核分裂を開始して、エネルギーと共に核分裂生成物、中性子を生成します。発生した熱は、炉内の冷却水を加熱して水蒸気とします。これがパイプによって発電機に導かれ、タービンを回して発電した後、冷却されてまた炉内に戻ってきます。

原子炉の出力は、制御棒を出し入れすることによって制御します。燃焼（核分裂）を終えた燃料棒は原子炉から順次引き出され、使用済み核燃料として保管プールの水の中に保管されます。

SECTION 39

高速増殖炉

高速増殖炉とは「高速中性子」を用いて「燃料を増殖」する原子炉です。燃料を増殖するとは、使った以上の燃料を新たに作り出すということです。例えば、石油1Lをストーブで燃やすと、燃えて熱を出して部屋を暖めてくれた上に、新たに2Lの石油ができるという、まるで魔法のような原子炉です。

高速増殖炉の原理

高速増殖炉は燃料として、プルトニウム239、^{239}Puを用います。^{239}Puは、自然界には無い元素であり、原子炉内で人工的に作られます。

^{239}Puは、^{235}Uと同じように中性子によって核分裂し、核分裂生成物、エネルギーと共に高速中性子を発生します。この高速中性子を^{238}Uに照射すると、^{238}Uが^{239}Puに変

化するのです。

以上が原料増殖の原理です。原理は単純明快です。つまり、燃料である^{239}Puの周りを燃料にならない^{238}Uで包んだものを作り、これを原子炉で燃料として使用します。すると中心の^{239}Puは核分裂を起こし、エネルギーを発生すると同時に高速中性子を発生します。この高速中性子が外側の^{238}Uに衝突し、^{238}Uを燃料の^{239}Puに変えるのです。

^{239}Puの製造

^{239}Puは、わざわざ作らなくても普通の原子炉の中で出来ています。すなわち、原子炉の燃料に使われるウランに占める^{235}Uの割合は数%に過ぎず、残り95%ほどは^{238}Uなのです。これが原子炉の中で減速前の高速中性子と反応して、いわば原子炉の副産物として使用済み核燃料の中に存在して

●高速増殖炉の原理

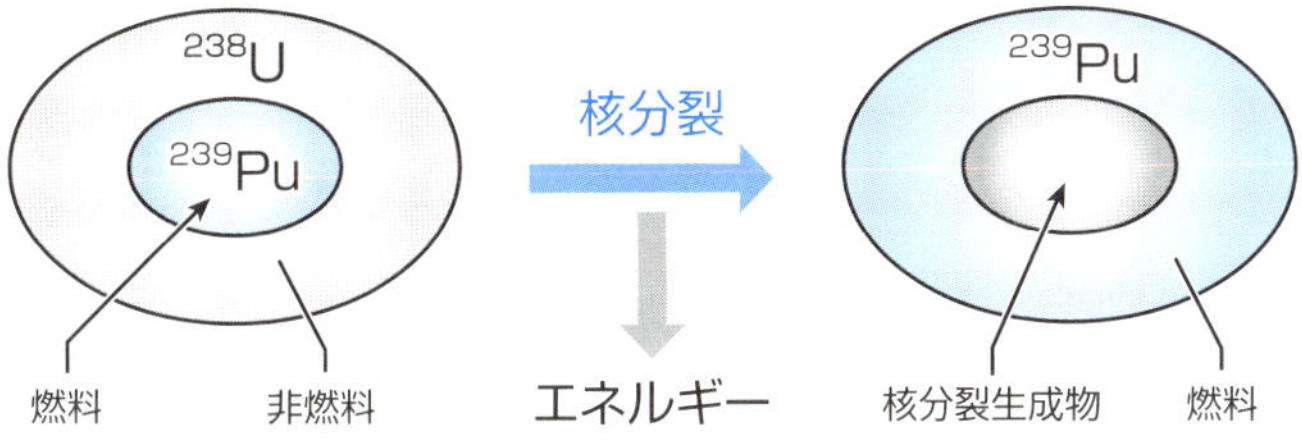

いるのです。使用済み核燃料から$^{239}\mathrm{Pu}$を分離する操作を抽出と言います。

長崎に投下された原子爆弾がそうであったように、$^{239}\mathrm{Pu}$は原子爆弾の弾薬となります。このようなものを大量に保管すると、原子爆弾を作る意図があるのかと疑われかねませんし、万が一テロリストの手にでも渡っては大変なことになります。

プルサーマル計画

そのため、抽出した$^{239}\mathrm{Pu}$は早いところ燃料として使うのが得策です。効果的な使い方は高速増殖炉で用いることです。しかし、高速増殖炉は、まだ開発途上です。そこで行われているのがプルサーマル計画です。これは、$^{235}\mathrm{U}$の燃料棒の中に$^{239}\mathrm{Pu}$を混ぜて一緒に燃やすというものです。技術的には問題が無いものと言われています。

高速増殖炉の問題点

高速増殖炉の問題は、冷却材にあります。高速増殖炉は高速中性子を必要とします。

そのため、減速材となる水を冷却材に用いることができません。それでは何を用いるのでしょうか？

油は、CH_2単位の連続したものであり、水と同等かそれ以上に水素を含んでいます。水銀は液体金属であり、原子量も大きいから冷却材として用いられそうですが、問題はその密度（13・6）です。このような鉄の2倍近く重い物体が細いパイプの中を高速で移動したのでは原子炉の機械的強度が持ちません。

そこで用いられるのがナトリウムNaです。Naは原子量（23）、密度（0・97）であり、水より軽い金属です。融点は98℃であり、水の沸点（100℃）では液体です。うってつけの冷却材のように思えます。

しかし、Naは非常に反応性の高い金属です。水と反応して水素を発生し、これに燃焼熱の火が着いて爆発します。万が一、冷却材が漏れた場合には大きな事故に繋がる可能性があります。1996年に高速増殖炉もんじゅで起こったナトリウム漏れ事故は、このような大事故に繋がる可能性のあるものだったのです。

SECTION 40

核融合炉

原子核からエネルギーを取り出す反応には、核分裂反応と核融合反応があります。核融合炉は、この核融合を利用して熱を取り出し、それを用いて発電しようというものです。

核融合反応

宇宙は128億年前のビッグバンによって創成されたと言われます。その際にできたものは、ほとんどが水素原子であり、この水素が虚空に散らばって広がり、宇宙を作ったと考えられています。

宇宙に広がった水素の雲には、やがて濃淡ができました。濃いところでは重力が働き、ますます多くの水素を引きつけ、その結果、濃縮され発熱しました。そして、あるとき水素の核融合反応に火が着いたのです。このようにして水素が2個融合してヘリウムになる反応が進行し、その核融合エネルギーで光り輝いているのが恒星であり、太陽なのです。

やがて水素は燃え尽きて無くなります。するとヘリウムの核融合が進行するという具合に星の中では次々に大きな原子核が成長し、エネルギーを放出していきました。しかし、SECTION.36「原子核のエネルギー」で解説した結合エネルギーのグラフを見ればわかるように、質量数60になったら、それ以上核融合してもエネルギーは発生しなくなります。これが星の寿命です。

寿命を迎えた星の運命は、星の大きさに

●核融合反応による星の誕生イメージ

よってさまざまですが、あるものは大爆発を起こして華々しい最後を迎えます。このときにできたのが、鉄より大きい原子と言われています。

核融合炉研究の現在

核融合炉に用いることのできる核融合反応は、いろいろありますが、現在最も有力と考えられているのは重水素^{2}H(D)と三重水素^{3}H(T)を反応させるDT反応です。

しかし、三重水素は自然界にはほとんど無く、しかも放射性で危険な物質です。そこで、この三重水素を核融合炉で作ることにします。すなわち、原子炉をリチウムLiで覆い、それと核融合で発生する中性子を反応させて三重水素を作るのです。

核融合炉の原型も数種類研究されていますが、現在、成果を上

●DT反応

DT反応　$^{2}_{1}H + ^{3}_{1}H \longrightarrow ^{3}_{2}He + ^{1}_{0}n$

Tの生産　$^{6}_{3}Li + ^{1}_{0}n \longrightarrow ^{3}_{1}H + ^{4}_{2}He$

げているのは日本などが開発したトカマク型と言われるものです。ここでは、原子から電子を取りはずして、原子核と電子の集合体にします。このような状態をプラズマと言います。その後、この原子核が衝突して核融合が始まり、核融合エネルギーが放出されます。しかし、そのためにはプラズマが高い運動エネルギー（熱、温度）を持ち、高密度の状態を一定時間維持しなければなりません。

そうでないと、その条件を維持するために外部から加えるエネルギーと、その結果、放出されるエネルギーが釣り合いません。要するに支出が収入以上に

●核融合発電施設の例（トカマク型）

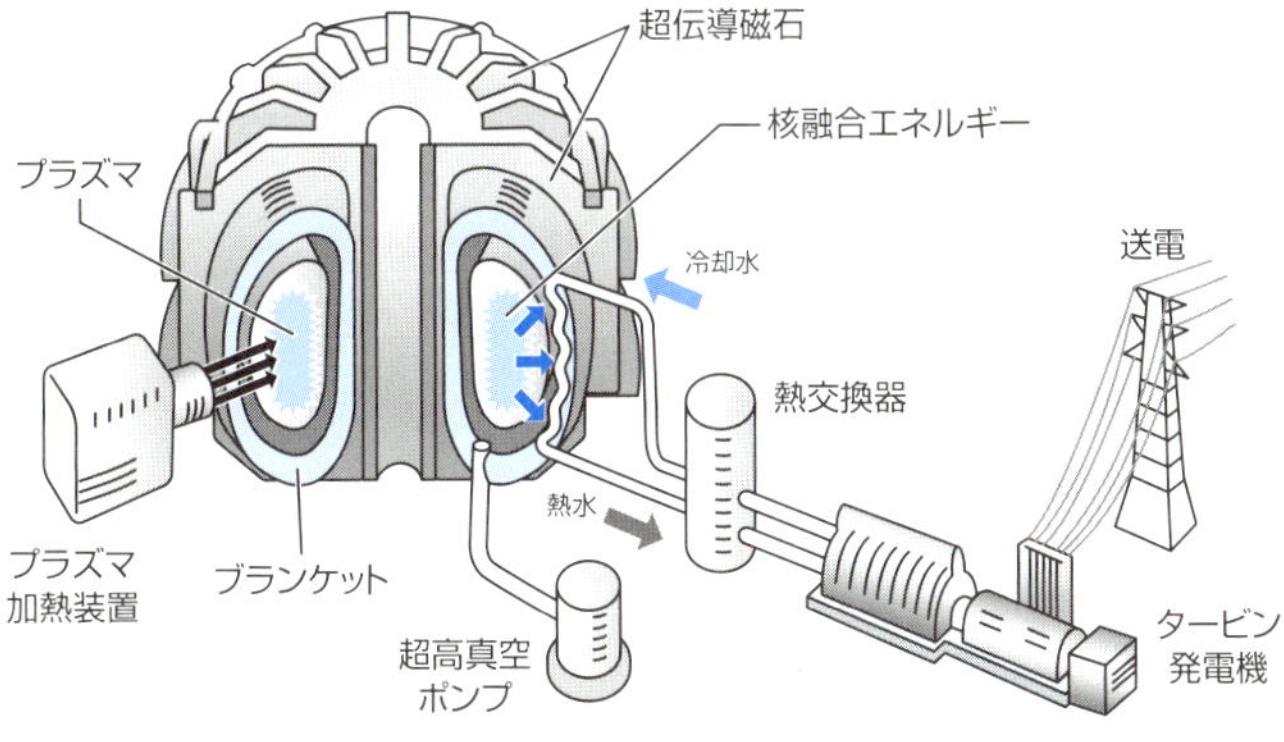

※参考　トコトンやさしいエネルギーの本 山崎耕造著（2005 年日刊工業新聞社刊）

なるのです。これが釣り合う条件を臨界プラズマ条件と言い、温度1億℃以上、密度100兆個/cm³以上、持続時間1秒以上とされています。努力の甲斐あって、この条件は2007年に達成されました。現在、温度は1億2千万℃を達成しています。

核融合炉は人工の太陽です。これが実用化したら、人類はエネルギーの心配をすることは無くなると言われます。しかし、研究は半世紀以上にもわたって懸命に行なわれており、一定の成果を上げていますが、実現はまだ先のようです。

Chapter. 8
人類とエネルギー

SECTION 41

エネルギーの枯渇

人類は、個人的にも社会的にもエネルギー無くしては生存できません。ここまで見てきたようにエネルギーには多くの種類があり、それぞれ長所、短所があります。また、エネルギーが必然的に背負う宿命もあります。ここでは、エネルギーの抱える諸問題を見てみましょう。

可採年数

エネルギー問題のうちで、現在最も注目され心配されているのは、エネルギーの枯渇です。無意識のうちに無尽蔵と思い、節約の意識なしに使ってきたエネルギーの内、実は有限でいつか使い切ってしまう可能性のある物があったのです。その典型は化石燃料です。しかし、可採年数にはいろいろの問題があり、時代とともに変化します。

化石燃料

化石燃料の可採年数は、2015年時点で石炭で約110年、石油と天然ガスで約50年とされています。ただし、天然ガスは新しい資源としてシェールガスやコールベッドガスが開発されましたので、可採年数は今後間違いなく伸びるでしょう。石油もオイルサンドやオイルシェールなどの新資源が発見され、さらに石油の起源そのものに生物起源説以外の説が表れたことによって、これも確実に可採年数は伸びるでしょう。

しかし、間違いなく植物の化石である石炭の埋蔵量には期限があります。このまま推移したら、可採年数はあまり伸びないことでしょう。つまり現在の所、可採年数の最も長い石炭が、実のところは最も短かったと言うことになりかねません。

ウラン

ウランにも可採年数があり、それは120年程度とされています。しかし、ウランは海水中にたくさん含まれており、その量は陸上埋蔵量の1000倍との試算もあります。さらに海底の岩盤中にも同程度以上の埋蔵量があると言います。

また、現在の可採年数は^{235}Uに関するものであり、^{235}Uは全ウラン中の0・7%しかありません。もし、高速増殖炉が実現したら、残りの^{238}Uが燃料として加算されることを考えると、ウランの資源枯渇は、実現性の乏しいものと言うことになるのかもしれません。

3R問題

「モッタイナイ」の精神が、環境分野で話題になっていますが、この精神はエネルギー分野に関しても当てはまります。モッタイナイ精神を現実に具体化させるための標語が3Rです。3Rとは「節約(Reduce)」「再使用(Reuse)」「回収(Recycle)」です。

●3R

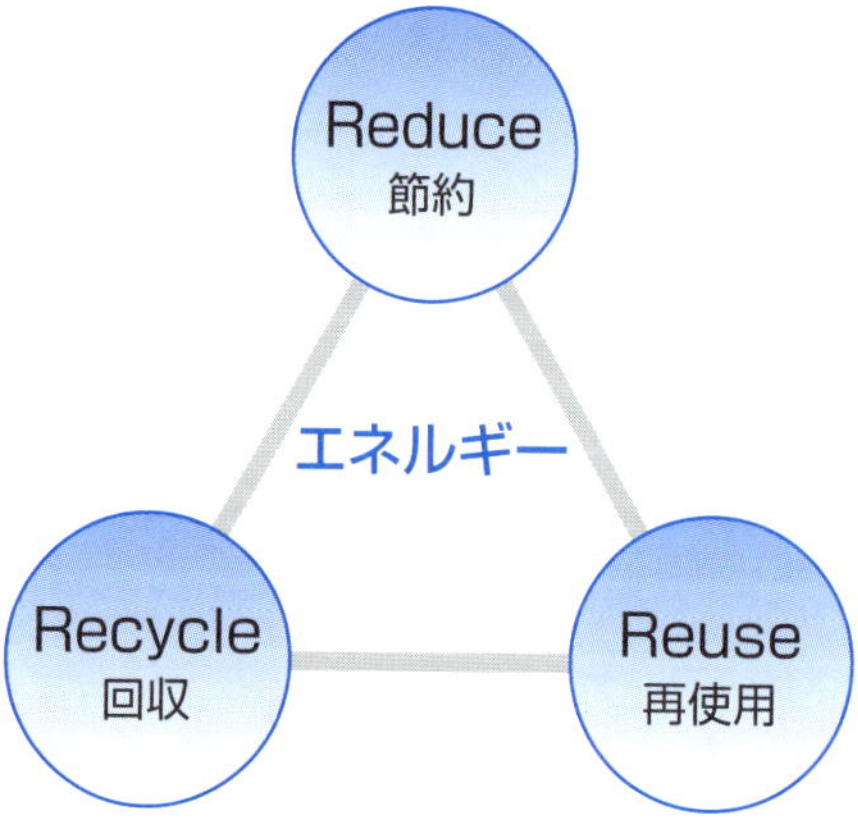

節約(Reduce)

エネルギーを保存する最上の方法は使わないことですが、現代社会では、そうもいきません。そこで、節約しようということになります。しかし、エネルギー使用量を節約すれば工業製品の生産量も少なくなり、経済は停滞し家計も厳しくなります。そうならないためには、効率的なエネルギー使用法と高性能な工業製品の開発が待たれることになります。

再使用(Reuse)

現在は使い捨ての時代ですが、最近になって見直しの機運が出てきました。ビール瓶は再使用製品の優等生ですが、再使用するには問題のあるものもあります。食物容器がその例で、衛生管理が重要になります。また、安価で重量のある物は、回収のための運搬に大量のエネルギーを使ってしまうことになります。他にも衣服などでは個人の好みや流行などがあり、一般的に回収再使用には向かないでしょう。

回収(Recycle)

資源問題といえばリサイクルが登場します。リサイクルには2通り考えられます。

❶マテリアルリサイクル

製品を元の原料に戻すリサイクルです。例えばペットボトルを溶かして原料のポリエチレンテレフタレートにし、これを繊維にしてポリエステルの衣類などにするようなものです。これはデモンストレーションとしてはわかりやすくて良いでしょうが、回収に要するエネルギーやコストを考えると割りに合わないようです。

❷フューエルリサイクル

フューエルは燃料のことです。つまり、燃やしてしまおうということで、回収とは意味が違うようですが、そうではありません。燃やしたエネルギーを有効に使おうということですから、不用品を燃料として再使用するという考えです。

現在棄てているゴミ焼却炉の熱を地域暖房や温泉施設などに使おうというものであり、もっとも現実的で合理的な回収法と言えるでしょう。

エネルギーの活用

日本人は水を無尽蔵にあるものと考えていると言われます。日本人に限らず、現代人はエネルギーも無尽蔵と思っているのではないでしょうか。そして、随分ともったいない使い方をしています。もっと有効に使わなければならないのではないでしょうか?

高効率利用

私たちは、さまざまなエネルギーを使っていますが、そのエネルギーを全て使っているわけではありません。エネルギーの半分以上は、実は使わずに捨てている場合が多いのです。

たとえば、シリコン太陽電池など汎用型太陽電池のエネルギー変換効率は20%に達しません。80%以上は使わずに捨てているのです。しかし、この場合のエネルギー元は太陽エネルギーですから、とくに問題にならないでしょう。

しかし、内燃機関のエネルギー効率は35％程度と言いますのでこれは問題です。内燃機関で使うエネルギーは、貴重な化石燃料を使い、二酸化炭素発生などの犠牲を払って手に入れた大切な熱エネルギーです。そのエネルギーの3分の2を使わないまま捨てているのです。エネルギー効率の向上は地味ですが大切な研究なのです。

直接利用

エネルギーを効率よく使うには、エネルギーの直接利用があります。エネルギーには多機能のものと単機能のものがあります。電気は、電灯を点すこともパソコンを動かすこともできるので多機能です。しかし、熱エネルギーは、物を暖めるという単機能です。電気を起こすこともできますが、それは熱でお湯を沸かし、その蒸気で発電機を回して電気を起こすという間接的なものです。

あるエネルギーを他のエネルギーに変換する際には、必ずエネルギーのロスが起きます。ロスを無くすには、その目的に合ったエネルギーを用いることです。太陽電池で発電した電力でお湯を沸かすのなら、直接、太陽温水器でお湯を作ったほうが合理的です。現在、このようなエネルギーの直接利用が開発されていますが、多くは実験段階です。将来の研究開発が待たれる分野です。

廃エネルギーの利用

内燃機関の棄てているエネルギーのように、エネルギーの中には無駄に捨てられているエネルギーがたくさんあります。これを廃エネルギーと言います。夏のエアコンの室外機の前は高温になっています。高温は高エネルギーと同義語です。このエネルギーを有効利用することはできないのでしょうか？

火力発電所の温排水は海洋生態系に影響を与えると言われます。これはせっかくの熱エネルギーを捨てているのです。しかも苦情も受けているのです。

せっかくのエネルギーを使い道の無いまま捨ててしまうのはいかにも、もったいない話です。今後はエネルギーの生産も大切ですが、それと同時に廃エネルギーを出さずに最後まで残り無く使うという方策も大切になるものと思われます。

SECTION 43

新エネルギーの創出

エネルギーは、さまざまな所に存在します。また、熱エネルギーや光エネルギーが電気エネルギーに換えられるように、エネルギーは、いろんな形に変えることができます。産業革命のころには電気エネルギーは存在しませんでした。もし、存在していたら産業革命はもっと大規模なものになったのではないでしょうか。

現代の私たちは、さまざまなエネルギーを使っていますが、もしかしたら、まだ発見していないエネルギーがあるのかもしれません。

宇宙エネルギー

宇宙には多くの星があり、太陽では休むことなく核融合反応が起こっています。無尽蔵な太陽は、エネルギーの宝庫です。

宇宙太陽発電

宇宙空間を利用して効率的な太陽光発電を行おうという考えがあります。

高度4000万kmほどの宇宙に静止衛星を打ち上げ、そこで巨大な太陽電池の翼を広げるのです。静止衛星なので常に太陽の方向を向き、しかも気候に左右されず24時間体制で発電可能と言います。太陽光も大気で減衰されないので、強力なエネルギーもとです。

発電した電力は、マイクロ波で地上に送ります。カーボンナノファイバーを使ったケーブルで送るという夢のような話もあります。

●宇宙太陽発電のイメージ

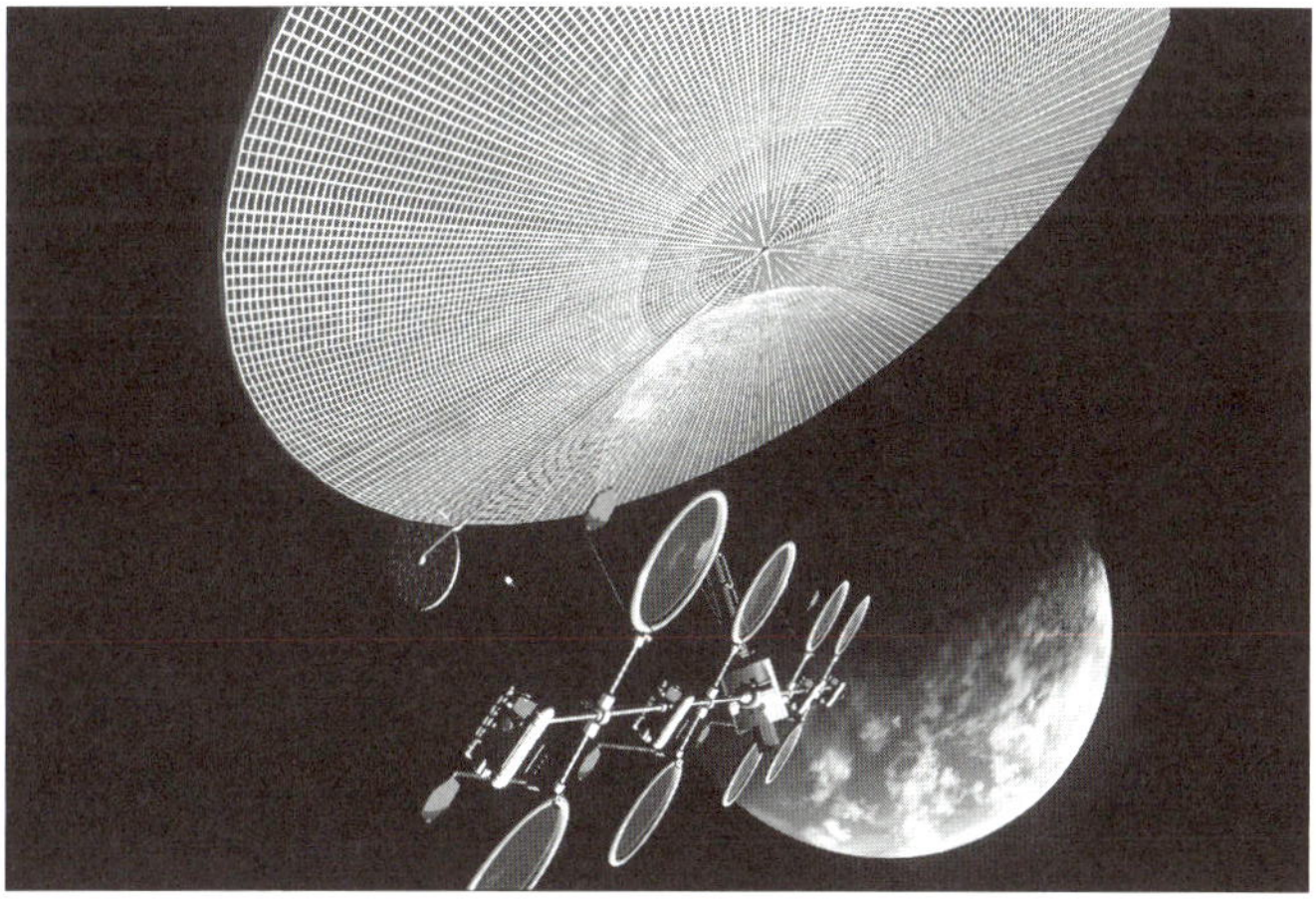

月のエネルギー

月には地球上に無い資源があることが知られています。それはヘリウム3、^{3}Heです。^{3}Heは宇宙線に含まれており、それが大気の無い月面で蓄積したものと言われています。

^{3}Heは核融合反応の重要な燃料と見られています。Chapter.7で核融合反応としてDT反応を解説しましたが、この反応では燃料の三重水素が自然界には無い資源の上、危険な中性子が発生します。それに対して、^{3}Heを用いるD－^{3}He反応では中性子が発生しません。

このように、将来は地球以外の天体から運んだ燃料で発生した電力で地球エネルギーを賄う時代が来るのかもしれません。人類の歴史は500万年とも言われます。これからもその歴史は続くでしょう。未来の人類とエネルギーはどうなっているのでしょうか。

SECTION 44

環境との調和

地球環境と言いますが、地球上で人類が活動できる空間は飛行機の飛ぶ頭上10㎞から、海洋最深深度の10㎞の範囲くらいでしかありません。対して地球の直径は1万3000㎞です。

紙にコンパスで直径13㎝の円を描いてみてください。これが地球です。すると20㎞の地球環境は0・2㎜になります。鉛筆の線に隠れてしまいます。この環境を汚すのは簡単な話ですが、浄化するのは大変なことです。

環境問題を引き起こすエネルギー

エネルギーは、環境問題を引き起こす可能性の高いものと、そうでないものに分けて考えることもできます。問題をはらんだものにはどのようなものがあるでしょうか。

❶水力

水力の主な利用法は水力発電です。大きな河川に巨大なダムを作り、大量の水を落下させることによって発電機を回します。しかし、ダムの建設は地域の水環境に大きな変化をもたらし、河川の渇水、地下水位の変化、それに伴う生物系の変化など自然環境に大きな影響を与えます。

❷火力

石炭や石油などの化石燃料の燃焼は、大量の二酸化炭素を発生し温室効果によって地球温暖化をもたらすと言われます。また、化石燃料に含まれる窒素N、硫黄Sなどの燃焼によって発生するNOxやSOxは、光化学スモッグや酸性雨の原因になります。

❸原子力

核分裂を利用した原子炉は、今後のエネルギーを担うものと期待されますが、危険な放射能を持った核分裂廃棄物の処理は避けられない問題です。また、万が一、事故が起きた時の被害の大きさは福島の原子炉事故で学んだ通りです。

クリーンエネルギー

反対にこのような環境問題の無いエネルギーをクリーンエネルギーと呼びます。太陽、地熱、風力、波力などの自然エネルギーは、その典型と見ることができます。

他にもゴミの醗酵によってメタンガスCH_4を発生させるなどのバイオマスエネルギーもクリーンなエネルギーと呼ばれます。また、これらのエネルギーは、ほぼ無尽蔵、あるいは繰り返して使用することができることから、再生可能エネルギーとも呼ばれます。

●環境問題とエネルギー

人類の活動と生存にエネルギーは不可欠なものですが、今後はクリーンなエネルギーを選択して使用することが重要でしょう。

ベストミックス

本書を通じて、さまざまなエネルギーを見てきました。人類の将来を託すエネルギーはどれでしょうか。資源量、使いやすさ、環境問題など考えなければならない問題はたくさんあります。

しかし、確かに言えることは、この中のどれにしろ人類のエネルギーの全てを担うことにはならないであろうということです。

核分裂や核融合を用いた原子力は、その設備の巨大さ、万が一事故が起きた場合の避難などを考えると都会の近傍に置くことはできません。

一方、小型で廃棄物も無い太陽電池や小型風力発電は便利ですが、大規模発電には向きませんし、発電量が一定しないという致命的な欠陥もあります。結局は、これらのいくつか、あるいは全てを総合したエネルギー供給システムを構築するとしかありません。

　エネルギーのベストミックス。それこそが将来の到達点ですが、ベストミックスは時と事情によって変わるものであり、試行錯誤の末に暫定的にたどり着く仮の到達点であると言うことは心に留めておく必要があるでしょう。

●エネルギーのベストミックス

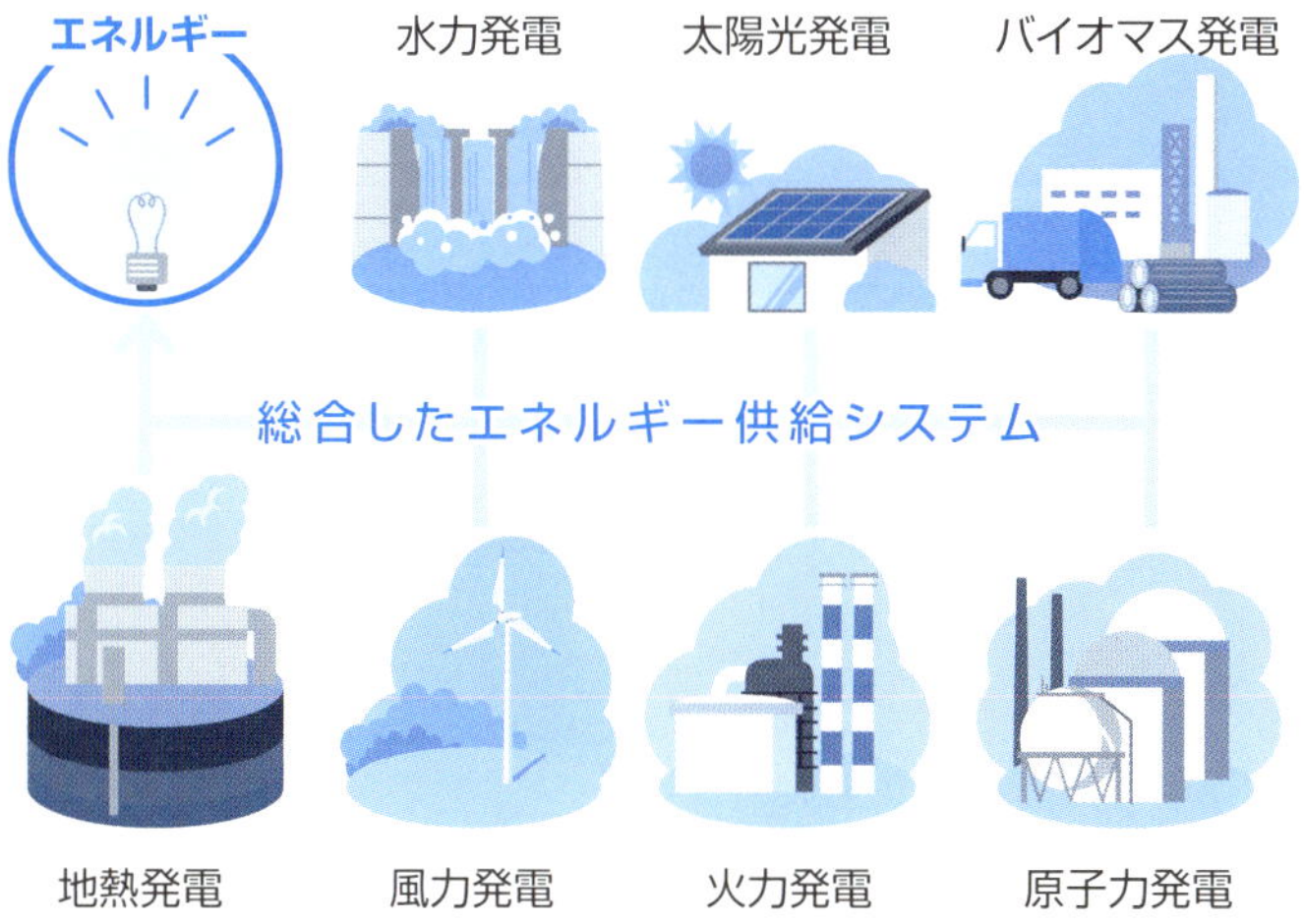

さ行

英数字・記号

あ行

か行

■著者紹介

齋藤《さいとう》　勝裕《かつひろ》

名古屋工業大学名誉教授、愛知学院大学客員教授。大学に入学以来50年、化学一筋できた超まじめ人間。専門は有機化学から物理化学にわたり、研究テーマは「有機不安定中間体」、「環状付加反応」、「有機光化学」、「有機金属化合物」、「有機電気化学」、「超分子化学」、「有機超伝導体」、「有機半導体」、「有機EL」、「有機色素増感太陽電池」と、気は多い。執筆暦はここ十数年と日は浅いが、出版点数は150冊以上と月刊誌状態である。量子化学から生命化学まで、化学の全領域にわたる。更には金属や毒物の解説、呆れることには化学物質のプロレス中継?まで行っている。あまつさえ化学推理小説にまで広がるなど、犯罪的?と言って良いほど気が多い。その上、電波メディアで化学物質の解説を行うなど頼まれると断れない性格である。著書に、「SUPERサイエンス 分子集合体の科学」「SUPERサイエンス 分子マシン驚異の世界」「SUPERサイエンス 火災と消防の科学」「SUPERサイエンス 戦争と平和のテクノロジー」「SUPERサイエンス 「毒」と「薬」の不思議な関係」「SUPERサイエンス 身近に潜む危ない化学反応」「SUPERサイエンス 爆発の仕組みを化学する」「SUPERサイエンス 脳を惑わす薬物とくすり」「サイエンスミステリー 亜澄錬太郎の事件簿1　創られたデータ」「サイエンスミステリー 亜澄錬太郎の事件簿2　殺意の卒業旅行」「サイエンスミステリー 亜澄錬太郎の事件簿3　忘れ得ぬ想い」(C&R研究所)がある。

編集担当：西方洋一 ／ カバーデザイン：秋田勘助（オフィス・エドモント）
写真：©titonz - stock.foto

SUPERサイエンス
人類が手に入れた地球のエネルギー

2018年4月1日　初版発行

著　者　齋藤勝裕
発行者　池田武人
発行所　株式会社　シーアンドアール研究所
新潟県新潟市北区西名目所 4083-6(〒950-3122)
電話　025-259-4293　FAX　025-258-2801
印刷所　株式会社　ルナテック

ISBN978-4-86354-238-9 C0043